版权声明

The original English language work:
The Elements of Counseling Children and Adolescents, second edition
ISBN: 9780826162137
By Catherine P. Cook-Cottone, PhD, Laura M. Anderson, PhD, and Linda S. Kane, Med, LMHC
has been published by
Springer Publishing Company
New York, NY, USA
Copyright © 2019 Springer Publishing Company, LLC. All rights reserved.

保留所有权利。非经中国轻工业出版社"万千心理"书面授权，任何人不得以任何方式（包括但不限于电子、机械、手工或其他尚未被发明或应用的技术手段）复印、拍照、扫描、录音、朗读、存储、发表本书中任何部分或本书全部内容，以及其他附带的所有资料（包括但不限于光盘、音频、视频等）。中国轻工业出版社"万千心理"未授权任何机构提供源自本书内容的电子文件阅览、收听或下载服务。如有此类非法行为，查实必究。

The Elements of Counseling Children and Adolescents
(Second Edition)

儿童和青少年心理咨询的70个要素

[美] 凯瑟琳·P. 库克-科顿（Catherine P. Cook-Cottone）
劳拉·M. 安德森（Laura M. Anderson） ／著
琳达·S. 凯恩（Linda S. Kane）

徐 洁／译

中国轻工业出版社

图书在版编目（CIP）数据

儿童和青少年心理咨询的70个要素／（美）凯瑟琳·P. 库克-科顿（Catherine P. Cook-Cottone），（美）劳拉·M. 安德森（Laura M. Anderson），（美）琳达·S. 凯恩（Linda S. Kane）著；徐洁译. —北京：中国轻工业出版社，2024.1（2025.1重印）

ISBN 978-7-5184-4607-0

Ⅰ.①儿… Ⅱ.①凯… ②劳… ③琳… ④徐… Ⅲ.①儿童－心理咨询 ②青少年－心理咨询 Ⅳ.①B844

中国国家版本馆CIP数据核字（2023）第232277号

责任编辑：林思语　　　责任终审：张乃柬
策划编辑：林思语　　　责任校对：刘志颖　　　责任监印：吴维斌

出版发行：中国轻工业出版社（北京鲁谷东街5号，邮编：100040）
印　　刷：三河市鑫金马印装有限公司
经　　销：各地新华书店
版　　次：2025年1月第1版第2次印刷
开　　本：880×1230　1/32　印张：7
字　　数：110千字
书　　号：ISBN 978-7-5184-4607-0　　定价：56.00元
读者热线：010-65181109
发行电话：010-85119832　　010-85119912
网　　址：http://www.chlip.com.cn　　http://www.wqedu.com
电子信箱：1012305542@qq.com
版权所有　侵权必究
如发现图书残缺请拨打读者热线联系调换
241955Y2C102ZYW

译者序

近年来我国儿童和青少年的心理健康问题层出不穷，儿童和青少年心理咨询服务的社会需求不断增加。然而，与此相冲突的是，国内专门从事儿童和青少年心理咨询的专业人员却非常短缺。面对日益增长的儿童和青少年心理服务的需求，成为一名具有胜任力的儿童和青少年心理咨询师成为许多心理咨询师的职业愿景与使命。

作为从事了近20年儿童和青少年心理咨询工作的一名专业工作者，我深刻地体验到儿童和青少年心理咨询过程与成人咨询有着诸多不同。一名具有胜任力的儿童和青少年咨询师不仅要有基本的心理咨询理论知识和专业技能，还需要经过专门、独特的学习和训练。

在从事儿童和青少年心理咨询课程教学和案例督导的过程中，我强烈地意识到儿童和青少年心理咨询师需要有一本案头工具书，这本书能够帮助咨询师获得全局观、结构性意识，使得他们在复杂的咨询历程中能够始终处在一条正确的航道上，任凭风浪有多大，也不会偏离工作的主线和目标。

由中国轻工业出版社引进的《儿童和青少年心理咨询的70个

要素》这本书就是专门聚焦儿童和青少年心理咨询过程中所需要的基本且重要的要素的。当中国轻工业出版社"万千心理"的编辑邀请我来翻译时,直觉告诉我,本书中文版的出版将为我国的儿童和青少年心理咨询师提供一本内容聚焦、实用、前沿,写作风格和形式简洁、生动的工具书。

从内容来看,本书是聚焦且实用的。

本书的3位作者都具有丰富的儿童和青少年心理咨询理论、实践和教学方面的经验,他们的写作受众是对儿童和青少年心理咨询感兴趣的同行,内容紧紧围绕儿童和青少年心理咨询的要素。

本书内容分为7章,分别是:为儿童和青少年心理咨询做好准备;儿童和青少年的咨询过程;咨询中辅助自我觉察和成长的策略;咨询中的误解与假设;对循证实践和当代干预的简要介绍;危机干预、强制报告以及咨询相关问题;作为咨询师,请了解并照顾自己。这些内容对于儿童和青少年咨询师来说是非常具体而实用的,其内容与真实的咨询过程非常贴近,咨询师可以在咨询的各个环节在本书中查阅到咨询过程所需的关键点。书中的内容是通过大量的适合儿童和青少年心理咨询的理论与实践经验凝练而成的,可重复、传承使用。

从呈现形式来看,本书是简约而不简单的!

本书的内容按照儿童和青少年心理咨询中的70个要素为主线来呈现,写作逻辑非常清晰,能够帮助咨询师获得全局概览的视角,不会遗漏重要、必需的内容,让咨询工作全程具有清晰的方向。同时,简约的呈现方式能够给读者和使用者很大的空间。真实的咨询过程绝不仅仅是多个要素的简单叠加或拼凑,咨询师需要以不同要素为基本结构,更要辅以评估、个案概念化、咨询目标和计划对不同要素进行整合，最终提供适合来访者的治疗过程。因此，本书的呈现方式对儿童和青少年咨询师非常友好，如同一位好的咨询师应该对来访者做到的那样——既有目标和方向，又尊重和抱持！

本书的基础翻译工作由我的研究生承担——他们是田佳琪（第1章），居怡宁（第2章），马晓晴（第3章），黄安安（第4章），周涛（第5章），宋宛霖（第6章），吴雨涵（第7章）。另外，李雪睿参与了全书的统稿工作。大家经过了几轮反复、细致的讨论、校对，最后由我对全书做审校，尽可能做到"信、达、雅"，并在语言风格上努力做到符合读者的阅读习惯。

在本书即将付梓之际，对于译文中可能存在的疏漏和不完美之处，敬请读者谅解！也欢迎联系我进行反馈，我的邮箱是 xujie@bnu.edu.cn。

期待有越来越多的儿童和青少年咨询师受益于本书！

徐洁
2023年金秋于北京

为了致敬我们所有人心中对学习、成长和前进的渴望；为了致敬所有鼓起勇气抓住治疗机会并尝试面对困难、挑战、痛苦及创伤的儿童和青少年；致敬所有勇于脚踏实地、呼吸和感受一切的人，带着这样的心愿，我写了这本书。还有杰里（Jerry）、克洛艾（Chloe）和马娅·科顿（Maya Cottone），这是献给你们的，我生命中永远的挚爱。

——凯瑟琳·P. 库克-科顿（Catherine P. Cook-Cottone）

我从来访者那里学到了很多东西，写下这些文字来回馈他们是我能做的最微小的事情。我希望阅读本书的人能够理解其中涉及的微技术的重要性。正如多年的研究表明，治疗联盟是作为治疗师的我们成功的关键，而这些要素有助于巩固这一联盟。鉴于此，我将此书献给我现在和以前的来访者。同时，也献给我的配偶和女儿（在我写这段话时，她真的"挂"在我身上）：没有你们持续的爱和支持，我无法完成这项工作。最后，艾伦（Ellen），我永远的天使朋友，我永远和你在一起，并将此献给你和你的孩子们。不要忘了玩耍！

——劳拉·M. 安德森（Laura M. Anderson）

我的来访者一直是，未来也肯定一直是我深刻且具有洞见的灵感来源，我非常感动，希望以尽可能多的方式将这种善意传递出去。这本书就是其中一种方式。帮助他人疗愈和成长方面的工作就是这样一种协同工作：最终的结果远比所有要素的组合多得多。这种体验难以用语言表达。我希望阅读本书的人能够以自己独特的方式，了解与来访者的这种协同作用。我把这本书献给所有对联结、学习和成长充满渴望的人，这种渴望受永恒的好奇心的激发，我的好奇心由我的父母点燃，现在又由我了不起的女儿马肯兹·拉塞（Makenzi Rasey）不断地点燃。我非常感恩。

——琳达·S. 凯恩（Linda S. Kane）

序　言

本书介绍了儿童和青少年心理咨询与治疗的基本要素。在这本重点呈现要素的书中,作者提炼了心理咨询的核心领域,对它们进行了简洁的描述并举例说明。这本书回答了这个问题——有效治疗的关键概念是什么?

作为经验丰富的临床医生、研究人员和教师,本书的3位作者提供了70个与儿童和青少年有效治疗相关的关键要素。这些要素可分为以下几类:

1. 打好坚实的基础,比如解释咨询程序、解决保密和隐私问题;
2. 注重过程,包括反映、具体化和使用适宜儿童和青少年发展阶段的语言;
3. 提高自我觉察,比如教来访者耐受痛苦、注意非言语行为;
4. 避免咨询师的错误假设,比如假设所有干预措施对所有来访者都是安全或合适的;
5. 简要介绍循证和当代干预方法,包括游戏治疗和家庭治疗;

6. 描述危机干预、强制报告及相关事项；
7. 强调咨询师自我照顾的重要性，包括适当的支持和督导。

    本书第 2 版更新和扩展了一些内容，包括关于来访者的影响、创伤、药物滥用、进展监测、自我照顾、药物转诊和正念的更新与扩展材料。特别有趣的是一系列新要素，包括处理生理和心理的性别认同、社交媒体使用、性和骚扰的要素，以及使用技术的规则。这些主题在咨询师对儿童和青少年咨询与治疗的概念化中变得越来越重要。

    在本书中，作者整理了以往的研究成果，并选取了新的关键要素作为补充，为新手咨询师提供了学习的基本知识，也为经验丰富的咨询师提供了复习的素材。本书可以作为后续指导和开展咨询实践的高级指南，也可以作为反馈心理咨询的一种方式，更是澄清咨询过程的本质的入门读物。因此，本书对于包括精神病学、心理学、社会工作和心理咨询的所有助人专业的学习者都是有益的。

斯科特·T. 迈耶（Scott T. Meier）博士
纽约州立大学布法罗分校

前　言

我们——凯瑟琳·库克-科顿（Catherine Cook-Cottone），劳拉·安德森（Laura Anderson）和琳达·凯恩（Linda Kane），为读者倾情呈现这一本关于儿童和青少年心理咨询实践的关键要素的书。本书是第 2 版，它是应读者所需而生的。我们在向研究生教授心理咨询过程，以及在学校、私人执业机构中与儿童和青少年及家庭工作方面积累了丰富的经验，我们怀着激动的心情与大家分享这一切。我们将为读者提供既聚焦又实用的工作指南，以补充和丰富儿童和青少年心理咨询方面的课程内容。

"要素"并不是一个新的概念。威廉·斯特伦克（William Strunk）在 1919 年首次出版了《风格的要素》（*The Elements of Style*）这本书。历经数版数年，这本书曾经是，现在也仍然是指导大学生写作的一本清晰、简洁的入门读物。在这本颇具影响力的图书的启发下（即《风格的要素》；Strunk & White，2000），斯科特·迈耶（Scott Meier）和苏珊·戴维斯（Susan Davis）于 2005 年共同出版了《心理咨询的要素》（*The Elements of Counseling*）。究其本质，这类书的目标是将过程（例如，写作或咨询）中的基本要素凝练出来。它们是最有效和实用的工作指南，也是可读性非常强的手册。

应需而生

这本书的定位是儿童和青少年心理咨询研究生课程的入门读物或补充教材。它同样适用于不同的助人工作领域，如社会工作、咨询心理学、临床心理学、学校心理学、学校咨询、心理健康咨询和康复咨询。20 多年来，我（凯瑟琳·库克-科顿）一直在教授"儿童和青少年心理咨询"这门课程。我使用过各种各样的课程包、实证论文、教科书和案例研究来更好地教学，我的丈夫称这一过程就像从事艺术工作一样。我从不满足于把海量的作品整理成易于理解的知识要素，我决定效仿威廉·斯特伦克在 1919 年为帮助他的学生学习技能——写作——时所做的事情。我开始"把大量错综复杂的……迂阔之论分解成"可理解的规则和原则，指导学生有效地与儿童和青少年工作。实际上，我一直尝试明示并提供一套关键要素来指导学生的实践，并使他们在陷入迷茫时重新聚焦工作方向。

以易于理解的形式呈现知识和实践技能

这些要素是指导儿童和青少年咨询过程的基本路线——从咨询设置和咨询前的准备到投身咨询实践，按照一定的逻辑序列进行组织。书中呈现的咨询实践获得了有影响力的同行评审期刊上发表的实证论文和相关理论文章的支持。与其他的要素图书一样，本书对每个要素都进行了编号，并提供了简短的描述和必要的示例。经过编号的要素可在咨询过程的讨论中使用，也可以使训练中的记录分析更加简单。

具体地说，这本书的第2版以如何为咨询过程设置"舞台"开始。这部分内容包括使用与来访者的发展阶段相匹配的语言、丰富的活动、与儿童和青少年工作的空间布置的相关关键点。本书的新版采取了一个整体的视角来探索来访者的故事，详细说明如何设置经由咨访双方共同参与而确定的咨询目标，并强调了对多元文化知晓和保持敏感的重要性。此外，该新版本还包含转介工作、创伤和物质使用的相关内容。

本书重点强调了在儿童内在心理世界创造成长的条件和过程，阐述了协助儿童成长和自我探索的过程。本书还增加了在身体中定位感受、耐受痛苦的教学工具，以及强调进展监测的重要性。社交冲突对儿童和青少年来说是一种巨大的压力。我们增加了教授处理社交冲突的技巧的内容，这是非常重要的变化。此外，本书的新版对于共同制定个人或家庭使用技术的规则提供了指导。

本书还讨论了常见的误解和错误的假设。本版本还更新了关于危机干预和有效的转介技能的部分，以及另一节很重要的内容（例如，文化胜任力，强制报告）。

和本书的第一版一样，有一章阐述了有关认识和了解咨询师个人的内容。这一部分讨论了咨询师与自己的童年和青春期和解以及拯救幻想（即，我可以通过拯救你来拯救我）等相关的内容。本书中有一部分简明地介绍了干预措施（即，包含关于儿童和青少年咨询的更全面的文章列表），并更新了常用于儿童和青少年工作的咨询技术（例如，游戏治疗，焦点解决的短程治疗）。为了便于阅读，在本书中，"照料者"这个词将被用来表示父母、法定监护人、养父母等。此外，由于本书有 3 个作者，在涉及个人实践或经验的内容时，将以作者姓名进行区分。本书的最后一章聚焦于咨询师的自我照顾，并为设置工作界限、了解个人优势、在胜任力范围内进行实践、评估和规划个人自我照顾等方面提供了一些指导。最后，本书概述了如何在培训中使用本书进行记录分析。

欢迎

我们欢迎你使用本书来学习或进一步提高你的咨询技巧。专家和新手都可以从仔细研读基本技能中受益。你将发现这些经过提炼的要素和每章结尾的指导性问题是以一种对读者友好的形式呈现的，这将促进你的成长和技能的提升。

目 录

第 1 章　为儿童和青少年心理咨询做好准备

要素 1　初始访谈　/ 2

要素 2　全程尊重照料者及其家庭成员　/ 3

要素 3　首次咨询　/ 4

要素 4　介绍你的背景　/ 5

要素 5　解释咨询　/ 5

要素 6　提供与咨询相关的规则和指南概述　/ 7

要素 7　注意隐私权和保密性　/ 8

要素 8　详细介绍咨询规则和家长参与的方法　/ 12

要素 9　探索来访者的故事——整体分析法　/ 13

要素 10　共同制定咨询目标　/ 14

要素 11　构建一个适宜儿童发展阶段的咨询环境　/ 15

要素 12　守时　/ 17

要素 13　个性化咨询　/ 17

要素 14　在儿童发展的框架内开展咨询　/ 18

要素 15　解决阻抗并构建咨询联盟　/ 20

要素 16　对各种形式的多样性保持敏锐的洞察力　/ 22

要素 17　在胜任力范围内与性少数群体来访者工作或进行有效转介　/ 24

要素 18　了解创伤　/ 26

要素 19　了解物质滥用的预警信号以及如何转介　/ 27

要素 20　具备大局观　/ 31

第 2 章　儿童和青少年的咨询过程

要素 21　先反映（内容、感受和意义）　/ 42

要素 22　专注于感受　/ 44

要素 23　总结　/ 45

要素 24　反映过程　/ 47

要素 25　简短地发言　/ 48

要素 26　允许并运用沉默　/ 49

要素 27　使用开放式提问　/ 50

要素 28　有效和谨慎地面质　/ 51

要素 29　使用与发展水平相匹配的语言　/ 53

要素 30　具体化　/ 55

要素 31　将策略或技术与处理水平相匹配　/ 57

要素 32　当言语失效时，使用绘画或游戏　/ 58

要素 33　使用故事和隐喻　/ 62

第 3 章　咨询中辅助自我觉察和成长的策略

要素 34　反映并给予时间处理（做与不做）　/ 73

要素 35　避免提出建议　/ 75

要素 36　避免依赖问题　/ 76

要素 37　仔细倾听词语的使用　/ 81

要素 38　聚焦于来访者　/ 84

要素 39　注意非言语信息　/ 84

要素 40　识别并在身体上定位感受　/ 86

要素 41　教授耐受痛苦的工具　/ 87

要素 42　暂停并反映主题/列举话题　/ 88

要素 43　处理社交媒体、性和骚扰问题　/ 90

要素 44　为科技产品使用创造界限　/ 91

要素 45　教授和练习处理社会冲突的技巧　/ 92

要素 46　使用问题解决模式　/ 93

要素 47　设定明确、可测量的目标并定期监测进展　/ 94

第 4 章　咨询中的误解与假设

要素 48　不要假设改变很简单　/ 106

要素 49　学业发展水平不等同于情感发展水平　/ 107

要素 50　同意不等同于共情　/ 108

要素 51　避免道德评判　/ 109

要素 52　说自己懂了不代表真的懂了　/ 110

要素 53　不要假设自己知道（感受、想法和行为） / 110

要素 54　不要假设你知道来访者对他们的感受、想法和行为的反应 / 111

要素 55　不要假设所有干预措施对所有来访者都是安全或合适的 / 111

要素 56　积极思维和理性思维不一样 / 112

第 5 章　对循证实践和当代干预的简要介绍

要素 57　熟悉对儿童和青少年进行实证支持治疗的局限性 / 120

要素 58　循证服务数据库临床决策支持 / 121

要素 59　儿童和青少年的当代心理治疗干预 / 122

要素 60　考虑整合性方法 / 135

第 6 章　危机干预、强制报告以及咨询相关问题

要素 61　培养危机干预技能 / 148

要素 62　了解和理解哀伤、丧失和创伤 / 157

要素 63　在强制报告中做到清晰表达 / 160

要素 64　在联合精神药物治疗中充分合作 / 164

要素 65　谨慎且负责地转介（物质滥用、进食障碍、注意缺陷/多动障碍评估，等等） / 165

第 7 章　作为咨询师，请了解并照顾自己

要素 66　从自我觉察开始　/ 174

要素 67　获得你需要的支持和督导　/ 182

要素 68　展示适当的界限　/ 185

要素 69　坚持自我照顾　/ 189

要素 70　定期进行自我照顾评估　/ 190

附录　如何在培训中使用本书　/ 197

第 1 章

为儿童和青少年心理咨询做好准备

引言

本章详细介绍了儿童和青少年心理咨询的要素。对于为深入工作奠定坚实的基础来说,这些要素是至关重要的。本章涉及与来访者初次接触和构建重要情境的相关技术,例如,如何创建一个对儿童和青少年友好的咨询环境。

要素1 初始访谈

初始访谈为治疗联盟的形成奠定了基础(Hofmann et al., 2015)。与来访者的照料者的第一次互动,通常是在转介之后通过电话进行的。照料者察觉到儿童的某些异常表现,或者经学校、机构或儿科医生的提醒对这些异常表现感到担忧和焦虑,进而开始为儿童寻求心理咨询的帮助。你与来访者的关系就是从这里开始的。无论是你还是咨询机构的工作人员与来访者进行这种初次接触,你们都应该表现出热情且专业的一面。初始访谈的目的是简单地探讨真正的主诉问题,并确定来访者与咨询师之间的匹配度。

作为咨询师,当你对儿童的需求有了基本的了解,评估自己的能力能够胜任时,就可以提供一份关于咨询地点、时间和频率设置等的资料。同样,这些信息也可以由咨询机构的工作人员提供。请记住,来访者的照料者可能会对咨询感到紧张和不安,你可以在初始评估中描述第一次咨询可能面临的情境,这样他们就能了解在接下来的咨询中会发生什么。

- 向照料者介绍咨询室外面的办公室或等候区,以及在等待时间里他们可以做些什么。
- 介绍首次咨询中可能会发生的事。

最后,安排首次咨询的预约,并提前安排后续预约,以确保咨询设置的稳定性。谈话结束时要向他们表达感谢,并表示你很期待与他们见面。

要素2 全程尊重照料者及其家庭成员

由于儿童一般很难清楚地向咨询师介绍自己的状况,所以在与孩子的咨访关系中需要将照料者纳入考量。从初始访谈开始,必须与家庭成员建立安全和信任的关系(de Greef et al., 2017)。对于照料者来说,可能很难放心地把自己的孩子交给另一个成年人,并让他们建立亲近的关系。尤其是在照料者和孩子之间的关系本就紧张的情况下,他们可能会有更多的不安和担心。你必须向照料者证明你的意图和你所使用的咨询方法都是为了孩子的最大利益。你需要为孩子和照料者同时提供支持(de Greef et al., 2017; Hawley & Garland, 2008; Tsai & Ray, 2011)。

咨询师:所有的关系都有困难或紧张的时候。我的工作是理解和支持你和孩子(或家庭中的所有人),最终目的是做对［孩子的姓名］最有益的事情。

要素 3 首次咨询

　　首次咨询在很多方面都是独一无二的。你和来访者是第一次见面。此外，工作指南和相关的文件资料必须经过正式的审查。与所有的预约一样，你应该准时并热情地问候你的来访者（例如，眼神交流、微笑和握手）。在自我介绍之后，当你带领他们走向你的咨询室时，为他们介绍咨询机构的环境（等候区、接待处、其他办公区域、洗手间和其他设施，例如厨房或自动售货机）。你也可以向他们描述咨询过程中需要注意的礼仪性行为：在等候区保持安静和安全——尊重每个人的隐私。走进咨询室后，要允许儿童和照料者坐在他们喜欢的任何地方。你可以向他们介绍咨询室里各种各样的东西——玩具、游戏、箱庭、书籍、白板等。在首次咨询开始时，你需要向他们说明本次咨询的独特性，因为相对于以后的咨询过程来说，它是非常正式的。接下来，对首次咨询的内容进行概述。例如，你可以以概览的方式向他们介绍你的工作计划。

- 介绍你的背景和专业经验。
- 解释什么是咨询与什么不是咨询（见"要素5"）。
- 回顾文件资料和工作指南。
- 向他们询问一些背景问题。
- 给他们机会分享他们的故事，并确定咨询的大致目标。

要素4 介绍你的背景

在和来访者介绍你的背景时,简要总结你的专业培训和实践经验是很重要的。你完成过哪些专业或高级培训?在你看来,你的教育背景、培训经历和专业经验是怎样与解决儿童和家庭的问题相匹配的?如果情景适合,你所介绍的内容也可以包括你的个人兴趣爱好。这可能会帮助你与一些来访者在咨询初期建立融洽的关系。

要素5 解释咨询

研究表明,对来访者进行有关咨询过程方面的解释和教育可以改善治疗进度、治疗效果和出勤率,并有助于预防咨询过早地终止(Coleman & Kaplan,1990;Reis & Brown,2006;Walitzeret al.,1999)。迈耶和戴维斯(Meier & Davis,2011)提醒:"来访者经常带着对咨询的误解走进咨询室……如果由该误解导致的期待被忽视,来访者就会脱落或无法取得咨询进展。"你对咨询的解释应该简明扼要,而不是像一篇关于咨询理论的论文或心理学领域的概述。因其广度和深度,治疗性咨询是不容易被阐述清楚的,它包含许多理论、观点,也包含成长和问题解决的方法。它同样取决于治疗师和来访者的个性特点,双方之间发生的独特的化学反应,以及不同的来访者带来的特定问题。抛开心理咨询的理论不谈,咨询关系是以来访者的个人成长为目标的。咨询提供了一个安全、非评判的空间,在这个空间里,来访者可以自我反省，发现自己的优势，尝试新的自我观念和生存方式，并学习有效调节自身情绪、建立良好的人际关系的方法，以及掌握一些生活技能。

需要认清咨询是一个需要花费大量时间和精力的过程，明智的做法是基于这个事实对咨询建立现实的期望（Swift & Callahan，2011）。同样重要的是在咨询中营造一种现实的希望感，即咨询将带来良好的改善和积极的变化（Meier & Davis，2011；Swift et al., 2012）。

在首次咨询中，你还应该向来访者强调他们随时表达对咨询过程的感受的重要性，以便你们双方能共同解决出现的任何问题。允许并提供合适的机会，让来访者进行反馈，再针对此反馈进行回应，这不仅对咨询过程大有益处，也能让来访者感到被赋能和确认（Knox et al., 2011；Swift et al., 2012）。由于来访者可能不知道该如何做，所以你需要适时进行核对，引导他们一起完成这个过程。

咨询师：请和我聊聊我们的咨访关系。我会时不时地问你，你认为我们的咨询进展如何。这有点像保龄球馆里的保险杠，我们通过有效的交流来确保双方都处在咨询的正轨上。这也是一个很好的练习，可以让你学会如何向生活中的人表达自己。

最终，你的目标是帮助来访者在应对生活时，成长为自力更生的人，直到他们不再需要你的帮助。因此，这也是一个谈论结束的好时机，当来访者的成长和咨询目标已经实现时（在整个咨询过程中，会在不同的时间讨论进展），咨询就会结束。由于对许多人来说，说再见是一件艰难的事情，所以在一开始就和来访者探索这一点，在结束的时刻真正到来时对来访者会有很大的帮助（Swift et al.，2012）。这将帮助你的来访者明确地知道他们实现目标后的样子和感受。

咨询师：很好，那就意味着你已经完成了你来这里要完成的一切。现在想象一下，当那一天到来时，你会如何结束咨询？

通常，来访者在告别时喜欢做一些特殊的事情，这些事情可以象征他们付出的努力和获得的成长。例如，作者（琳达·凯恩）的来访者带着她去徒步旅行，这令她们互换了角色。这件事不仅体现了来访者有能力带领她的咨询师去旅行，还象征着她在生活中的成长。咨询结束的过程可能需要几次访谈来完成。

要素6 提供与咨询相关的规则和指南概述

在首次咨询期间，可以对一些与组织安排有关的指导原则展开讨论，这也有助于对你的来访者设置限制，例如：

- 为防止咨询过程被干扰，手机等电子设备应被设置为静音；
- 咨询过程中使用手机的规则；
- 如何进行咨询预约；
- 取消咨询的规则；
- 咨询间隔期间如出现问题该如何沟通解决；
- 紧急情况下该如何做；

- 咨询费用、付款程序和指南。

当然，咨询中最重要的工作原则之一是保密。

要素 7 注意隐私权和保密性

美国心理咨询协会（American Counseling Association，ACA，2014）、美国精神病学会（American Psychiatric Association，2010）、美国心理学会（American Psychological Association，APA，2017）、美国学校心理学家学会（National Association of School Psychological，NASP，2010）和美国社会工作者协会（National Association of Social Workers，NASW，2017）的伦理守则都提到了保密性、保密突破的条件和隐私权。

A. 儿童和照料者之间的隐私权

一方面，来访者需要一个安全的空间来分享和体验他们的情绪，另一方面，照料者需要了解他们孩子的健康和安全，心理健康专业人员必须平衡这两者之间的关系。虽然咨询过程中的隐私权对青少年来说尤为重要，但照料者的参与也是成功开展咨询工作的必要条件，尤其是对于年幼的儿童来说。

美国各州法律在儿童享有完全保密权利的年龄规定方面有所不同，咨询师有义务了解、遵守，并与儿童和照料者在法律保护和约束的范围内进行确认和商讨。照料者有权知晓未成年人在咨询过程中的进展。必须明确的是，未成年人的心理咨询本身就包括向其照料者提供必要的信息。然而，许多儿童，尤其是青少年，在得到隐私权和适度空间保障的情况下，更有可能更充分地披露自己的信息（Huss et al.，2008；MacCluskie，2010）。在咨询中完全地披露信息是有治疗作用的。对于充分披露的限度，咨询师和儿童及其照料者必须清楚地讨论、处理、理解并达成一致意见。

为了创造一个促进治疗性成长的环境和关系，应鼓励照料者尊重儿童或青少年的个人界限和隐私权（Huss et al.，2008；Mitchell et al，2002；Tan et al，2007）。术语"有条件的保密（conditional confidentiality）"曾被美国的一些州用来描述这一点（例如，Butler & Middleman，2018）。在有条件的保密协议中，父母/监护人放弃获取医疗记录保密、出席咨询访谈和评估，以及处理风险行为时在场这几部分的权力（例如，Butler & Middleman，2018）。在向家长出示有条件的保密协议时，要强调安全与隐私之间的区别。如果出现安全性问题，照料者可以放心，他会被及时告知。否则，作为咨询师，你通常会尊重孩子的隐私权并坚持保密原则，只会与照料者分享咨询进展和一般性信息。如果发现儿童有伤害自身或他人的严重危险，根据法律规定，同时也为了保障儿童的福祉，咨询师有责任告知照料者。基本原则是，安全是最重要的，优先于儿童的隐私权。

咨询师：对于隐私与保密性，我们需要商定一个既安全又合适的规则。我们是否同意［儿童姓名］可以在这里自由地表达和探索，而不需要我和你分享咨询过程中的每一个细节？如果发生安全问题，我和你的孩子会想办法让他与你分享。我会在这个过程中支持你们每一个人。

　　必要时，打破保密原则的方法是至关重要的。保密性可以"以尊重和关怀的方式被打破"（Tan et al., 2007）。在首次咨询期间，应该向儿童明确表示，当发生照料者必须介入的情况时，你将与他进行讨论，并在向照料者提供任何信息之前，努力解决他可能对将与照料者讨论的内容产生的任何担心和异议。你应该让儿童知道你与照料者的讨论会是什么样子的，处理儿童对照料者反应的恐惧，探索可能的结果，以帮助减少恐惧对儿童的思考和认知的负面影响，并讨论你将提供的支持和你将鼓励照料者提供的支持。

　　在咨询中，儿童可以自己选择如何进行交流。有了做选项和选择的体验，儿童就可以与其照料者进行这种交流，从而与照料者建立健康的关系。一般来说，与照料者沟通的选项是：儿童可以独立地与照料者分享，并由咨询师在与照料者的直接沟通中进行核实或跟进；儿童可以和咨询师一起与照料者分享；或者儿童可以让咨询师与照料者分享，儿童在场或不在场都可以。通过给予选择，儿童更有可能感觉到被赋权，而不是被侵犯、背叛或威胁，咨询关系也会得到加强（Sullivan et al., 2002）。在首次咨询中就这一点达成一致可以让儿童和照料者的需求得到满足，让他们感到安全、相互支持、团结和放松，而不是焦虑、分离、分裂或相互对抗。

　　还应该注意的是，美国许多州的法律赋予所有年龄的儿童独立同意和接受心理健康服务的权利，只要儿童提出要求并被确定其接受心理健康服务是必要的，并且寻求照料者的同意会对儿童的咨询过程产生不利影响（MacCluskie，2010），那么在咨询过程中，未经儿童同意，不得向任何人透露有关咨询的信息。

B. 隐私规则

保密性的另一个方面是《个人可识别健康信息的隐私标准或隐私规则》（*Standards for Privacy of Individually Identifiable Health Information*），或称《隐私规则》（*Privacy Rule*）。这是一项美国联邦法律，首次为保护某些健康信息制定了一套符合美国国家标准的法律法规。1996年的美国《健康保险流通与责任法案》（Health Insurance Portability and Accountability Act of 1996，HIPAA）赋予来访者掌握自身健康信息的权利，并对谁可以查看和接收其健康信息制定了规则和限制。隐私规则适用于所有形式的个人受保护的健康信息（protected health information，PHI），无论是电子的、书面的，还是口头的。

在首次咨询中必须对《健康保险流通与责任法案》进行回顾和讨论。还必须向照料者提供一份纸质副本并让其签署一份表格，以确认收到了这一法律文件副本。如该法律文件适用，你还应解释并提供与其他信息提供者或机构（如学校人员和儿科医生等）获取和交换信息的单独授权。咨询师一定要熟悉你所在的地区和机构对这类法律文件的要求。

要素 8　详细介绍咨询规则和家长参与的方法

在咨询开始时就应建立起以支持儿童和父母为目标的工作原则。与他们一起探讨一种可行的方式，在咨询过程中需要父母参与时让大家都感到舒服，并向他们阐述你为达到该目标制定的规则。包括：

- 无论来访者是否在场，家长都应该保持参与咨询的频率，目的是向家长更新咨询总体的进展情况；
- 在来访者要求家长参与咨询时邀请家长的方法；
- 回应家长询问咨询中的相关信息的方式；
  - 提醒家长在最初的咨询中达成的保密和隐私协议；
  - 与来访者讨论以确定其是否愿意披露各个细节层面的进展（对具体问题和挑战的大致概述）；
  - 与来访者和家长会面，共同讨论进展情况；
  - 如果你确定没有必要透露信息但家长对你施压，为了使咨询能进一步推进，尝试与家长结盟的同时争取其对保密的支持；
  - 提供咨询进展的总体评估。

最后，如果父母不顾来访者反对，坚持要求咨询师披露信息，需要再次参考你所在地区的法律法规。如果你觉得没有必要透露但在法律上有义务分享，应告知父母这对来访者和咨询关系可能产生的负面影响（Glosoff & Pate，2002）。如"要素 7"所述，支持你的来访者，让他们意识到这种情境即将发生，并让他们选择如何处理。

要素 9 探索来访者的故事——整体分析法

在完成介绍、设置指导原则和收集初步信息的工作之后,现在是时候开始与你的来访者一起探索是什么让他们来到咨询室,并开始制定咨询的初始目标。虽然第 3 章将对这个问题展开更为详细的讨论,但首次咨询应该花费一些时间来大致探索来访者真正关注的内容,并开始概念化来访者希望实现的目标。即使照料者会填写一份收集相关信息的问卷,在首次咨询期间,你也可以直接询问相关的问题,以收集与主诉有关的过往史和最新信息。仔细选择你要问的问题,通过咨询信息收集表来收集不太相关的细节。巧妙地利用这个时机才能开始建立咨询关系,这些问题可以作为来访者开始讲述他们的故事的过渡,也是向来访者发出的邀请。

来访者的生活是一个复杂的网络,由相互关联的人际关系和个人内心世界、多系统的部分组成。其中包括自我(思想、情感、身体自我、生理性别、性别认同、种族、民族)、家庭、朋友、同伴、学校(与老师的关系和互动、学业情况)、社区(邻里、学校、宗教)、文化和社会。因此,使用整体分析法来梳理来访者的社会心理健康、情感和身体健康的多个决定因素是至关重要的。虽然父母和(或)来访者可能会只关注一两个问题,但应该对儿童世界的所有领域进行探索,以揭示冲突和力量的来源、模式、不同领域之间的关系,以及儿童成长的途径。

要素 10 共同制定咨询目标

瑞安等（Ryan et al., 2011）研究者回顾了许多理论和疗法，这些理论和疗法都强调在咨询过程中需要重视来访者的自主性，以激发持久成长和改变的动机。在咨询开始时，制定目标是该过程的首要阶段之一。从一开始就要激发来访者的自主性，包括与来访者一起制定目标，而不是为来访者制定目标。"支持来访者的自主性包括以下方法：培养或鼓励其发声、主动地做出选择，以及尽量减少采用外界控制、意外事件或权威影响作为动机（Ryan et al., 2011）。"因此，当来访者参与制定咨询目标时，通过整合他们自己的思想和讲述的过程来激发其自主感，他们成长和改变的动机就会增加。否则，如果来访者不参与咨询目标的制定，而是直接被告知该做什么，可能会引发阻抗的不良反应。

访谈对话可以从来访者和家长提出的问题开始，接着探索前文列出的整体领域，然后转移到对来访者和家长所表达的预期结果的反馈。总之，这些问题可以按优先级列出，或者根据重要性或强度使用 5 或 10 分制进行排名，然后给出整体性的总结，举例如下。

咨询师：回想你所分享的一切：你一开始说你需要我的帮助来缓解你的压力和抑郁。在生活中，你似乎享有很多优势和强项，不需要太多帮助，比如你与父母的关系、应对学校要求的能力、对运动的兴趣等。你最关心的事情——那些你给出了很高分数的优先事项，似乎是你与朋友关系中的压力，尤其是当你们发生冲突的时候；社交媒体的需求；以及管理与朋友和社交媒体相关的情绪。对吗？（运用这个总结，你现在可以让来访者结合咨询目标更具体地考虑他希望事情是什么样子的，以及最终想实现什么样的目标。）

来访者：是的，当我和朋友相处不好或者使用手机给我带来压力的时候，我会感觉不知所措。

咨询师：那么，让我们围绕处理与朋友的冲突和管理社交媒体来制定一些咨询目标，学习一些感受、倾听和管理情绪的技巧。你觉得如何？

由你或来访者列出你们共同制定的目标是有益的。你可以和来访者一起用白板来画、写和创作图表，然后你们都拍下白板的照片以便在未来的咨询过程中进行反思，以及让来访者在咨询间隔中轻松查阅。发挥你的创造力！

要素 11 构建一个适宜儿童发展阶段的咨询环境

为了构建一个让儿童感到舒适、温暖宁静的空间，需要考虑各种各样的因素，包括：

- 温暖、中性的色调
- 适合年龄较小的来访者的小家具
- 面向儿童的家具，如懒人沙发、坐垫或蝴蝶折叠椅
- 家具摆放——椅子摆放成一定角度或围成圆形；桌子应该放置在咨询空间的隐蔽处而不是中心位置

- 毛毯
- 热水袋或加热坐垫
- 毛绒动物玩偶
- 画架和颜料
- 纸、马克笔、蜡笔
- 白板或黑板
- 黏土、彩泥
- 减压球
- 适合每个儿童发展阶段的书籍
- 提供感官刺激的物品（柔软的、模糊的、丝滑的、糊状的等）
- 玩具
- 游戏
- 水、健康零食

根据咨询师的受训情况，可能会提供以下治疗工具：
- 箱庭（沙盘）
- 木偶

　　理想情况下，空间应该足够大，以便动觉学习者可以进行合适的运动，也可以开展物理疗法，如瑜伽。

　　咨询室以外的办公空间、等候区或接待区应该提供一个舒适的休息区，其中包含安静的音乐、各种各样的阅读材料，也许还有一些玩具或绘画材料。声音设备应该放置在咨询室以外的区域，以保证隐私。

穿着得体——专业、舒适。对孩子来说，咨询师穿商务正装会引发他们的反感，让你看起来不够平易近人或难以产生共鸣。如果你要使用游戏治疗、坐在地板上或开展瑜伽类活动，也需要穿着合适的衣服。

要素 12　守时

咨询师在所有预约中都需要做到准时。当一连安排了多个预约的时候，为了尊重来访者并保持界限，按照约定时间准时开始和结束非常重要。如果与来访者达成一致，可以使用闹钟，最好使用柔和或舒缓的音调、音乐或自然声音，表明咨询将在指定时间（5 或 10 分钟）内结束。这将提醒来访者调整对话的速度，这样可以避免其在分享一些内容的过程中被打断而被迫结束谈话。这样每次咨询都可以舒适地结束。

要素 13　个性化咨询

满足来访者的个人需求意味着理解来访者的年龄、发展水平、个性，及其在开放性、外向性和宜人性的连续体上所具备的水平。迈耶和戴维斯（Meier & Davis，2011）建议考虑心理成熟度、动机水平、社会成熟度、智力、以前的咨询经验、对过去有效和无效的策略的认识，以及如何使用儿童能够理解的语言。

斯威夫特等人（Swift et al.，2012）建议在治疗类型、治疗师行为（如给予建议），以及是否布置家庭作业等方面适应来访者的偏好。咨询师给予来访者选择可以引导来访者确定其偏爱的咨询方法，并最终提高来访者在咨询中的参与意愿。这项研究的对象是成年人，作者补充说，对于那些不知道哪种疗法可能最适合自己的来访者，咨询师应该向他们提供各种疗法的介绍，并与来访者合作决定采用哪种方法。沃尔泽等人（Walitzer et al., 1999）也支持这一观点，建议咨询师应"基于不同疗法咨询效果的临床研究，向来访者提供可以引发改变的疗法的选项清单"。

与儿童和青少年一起工作，意味着你必须能够处理幼儿、青春期前儿童和青少年的各种不同的需求，并与他们建立联系。你必须理解来访者当前面对的相关文化规则和群体。你的来访者必须觉得你"理解他"，同时也认可你作为成年人和榜样。你可能会被视为一个有爱心、有能力的成年人、老师、教练、导师和领导者。最后，你还必须具有较强的适应力和灵敏的反应力。

鉴于儿童和青少年涵盖多个年龄段的人群，其需求广泛，可用的疗法众多，重要的是，如果你对某个特定年龄段感到不适，就要考虑不接受这个年龄段的孩子作为来访者。你必须始终在你的受训范围和胜任力内开展咨询实践。

要素 14　在儿童发展的框架内开展咨询

人类发展发生在幼儿期（3—5 岁）、儿童期（5—13 岁）和青春期（13—21 岁）这几个广泛而重叠的阶段。这些阶段的发展并不是相互排斥的。相反，它们彼此之间存在过渡时期，有点类似重叠的圆圈或文氏图；年龄范围只是平均值。有些发展是持续、渐进的：某一阶段的成就建立在前一阶段的成就的基础上。有些发展是不连续的，发生在不同的步骤或阶段。也就是说，在发展的前后不同阶段里，来访者的功能可能会发生质的改变。个体的发展兼具变化性和成长，同时也具有稳定、一致和连续性。发展也是多维的，包括身体、认知、人格和社会性维度。

有一些普遍存在的原则，与文化、种族或性别因素无关。但在某些情境下，文化、种族、民族和环境的差异也会在发展中起决定性作用。性格和人格也存在个体差异。个体成熟的速度不同，达到发展里程碑的时间也有所不同。

发展还会受到以下因素的影响，在咨询中应该进行考量和探讨：

- 群体影响
- 特定历史运动的环境影响
- 规范性影响，比如，无论在何时何地长大，青春期对特定年龄段的个体来说都是相似的
- 社会和文化因素在特定时间对特定个体的规范性影响，取决于独特的变量，如种族或社会阶层
- 不寻常的生活事件——特定的非典型事件，如慢性疾病

有关儿童和青少年发展的概述，请参阅伯克的书（Berk，2017）。

同样重要的是，要保持敏锐并与你的来访者一同探索同时影响他的各种多维环境水平（Bronfenbrenner，1986，2005）：

- 微系统——家庭、朋友、老师等直接环境

- 外部系统——当地社区、学校、宗教场所的广泛影响
- 宏观体系——社会、宗教体系、政治思想等更大范围的文化影响

从务实的角度来说，你与来访者的互动必须与其理解和成熟水平相一致。重要的是，要用来访者理解的术语和方式进行沟通，时常检查他是否能够理解。应以多种方式提供回应和解释，同时要求来访者用自己的话向你解释。你不仅要反映性地倾听，还要让来访者反思他是如何理解你们所沟通的内容的。("你明白我的意思吗？这对你来说意味着什么？能给我举个例子吗？请告诉我你如何理解我刚才说的话。你对我刚才说的话有什么感想？")这种互动的过程最大限度地减少了错误的假设和沟通，并令你可以在来访者理解的基础上构建他的学习与收获。

要素 15 解决阻抗并构建咨询联盟

虽然有些儿童很高兴有机会交流和分享他们的感受，但很多儿童还是被强迫来到咨询室的。克服儿童对心理咨询的抗拒是你要做的工作。"挑战在于让儿童参与咨询，并努力实现儿童可能认为没有必要甚至可能没有用的改变（Kazdin，2003）。"阻抗在每个发展阶段会以不同的方式表现出来。年幼的儿童可能更多地表现为对陌生成年人的恐惧；年龄较小的青少年正在追求自主权，因此可能认为参加咨询会对此产生威胁；青少年可能会感到失去效力、被胁迫、被指责、被误解、被威胁、怨恨或失去控制。

阻抗可能反映了对自主和（或）安全的需要，因此必须得到尊重（DiGiuseppe et al., 1996; Fitzpatrick & Irannejad, 2008; Hawley & Garland, 2008）。因此，创造一个舒适的空间，探索什么是咨询，并建立保障儿童隐私的工作原则，有助于建立安全的咨询关系，并减轻来访者焦虑的不良情绪。

菲茨帕特里克和伊朗内亚德（Fitzpatrick & Irannejad, 2008）探讨了来访者改变的心理准备与咨询联盟如何相互作用。他们发现，对于那些没有做出改变承诺的青少年，与来访者建立联系是最有效的方法；而对于那些准备改变的来访者来说，在目标和方法上达成一致是构建咨询联盟的有效方法。

为了在来访者和咨询师之间建立联系，表达共情和反映性倾听是必要的（Walitzer et al., 1999）。儿童需要真正感受到被倾听和被理解。咨询师不需要同意，甚至不需要表达同意或不同意。当儿童体验到被理解和被认可的感觉时，就会产生信任感以及开放与探索的自由，并且展现出问题解决、重塑应对技巧与情绪调节的潜力。

在一篇聚焦咨询联盟的文献综述中，研究者强调，咨询关系对于有效的咨询至关重要，弱的联盟关系预测着咨询过早终止，而强的联盟关系预测着症状减轻（Zack et al., 2007）。霍利和加兰（Hawley & Garland, 2008, p.70）在对青少年的研究中发现，"青年联盟与咨询效果的几个因素显著相关，包括症状减轻、家庭关系改善、自尊增强、更高水平的社会支持感知和咨询满意度"。

在一篇关于抑制寻求帮助的心理因素的文献综述中，沃格尔等人（Vogel et al., 2007）概述了社会污名、治疗恐惧、情绪恐惧、预期风险、自我表露的不适、社会规范和自尊保护等回避因素。他们还概述了性别、文化价值观、治疗环境和年龄等调节因素。随着青少年年龄的增长和成熟，咨询中的病耻感通常会减少（Boldero & Fallon，1995），而随着成年期的到来，来访者对咨询的开放度通常会增加。然而，这可能在一定程度上取决于教育水平。根据沃格尔等人（Vogel et al.，2007）所述，"大多数关于求助的文献……一致表明 20 多岁和受过大学教育的人对寻求专业帮助持有更积极的态度"。

要素 16　对各种形式的多样性保持敏锐的洞察力

多样性以多种形式存在：
- 年龄、时代
- 种族、民族、文化
- 性别、性别认同
- 性取向
- 宗教、精神信仰
- 家庭组成
- 社会经济地位
- 教育程度、职业
- 婚姻或关系状况
- 身体素质
- 智力
- 政治信仰

具有不同生活、背景或经历的个体可能会遇到生活障碍、偏见、歧视、边缘化、攻击、敌意、暴力或长期伤害。虽然对多样性的彻底探索超出了本书的范围,但基本要素是保持对各种形式的多样性的持续敏感。咨询中对多样性和文化保持敏感的能力可以通过继续教育、多样性和社会正义培训、持续参与专业协会以及持续阅读最新文献来获得。

亨德里克斯(Hendricks,2005,pp.3-4)强调,咨询应该是咨询师和来访者之间的动态学习过程,他为新手咨询师提供了以下工作指南。

1. 持续质疑你的假设。
2. 保持真实。
3. 了解不同文化中,尤其是来访者的文化中表达尊重的方式。
4. 不要以权威自居,对来访者的独特之处保持好奇。
5. 如果可能,让家庭成员评估自己家庭的差异和优势。
6. 在咨询进行的过程中,让来访者了解你所使用的治疗模型、治疗意图和技术。

你必须反思在咨询中对多样性和文化的敏感性,并核查这些是否与来访者的情况保持一致,你也需要思考如果缺乏这些能力是否将导致咨访不匹配并对来访者造成伤害。最后,如果你的技能还不够成熟,你要知道什么时候需要把来访者推荐给更合适的咨询师。

要素 17　在胜任力范围内与性少数群体来访者工作或进行有效转介

性少数群体（LGBTQIA），指的是女同性恋（lesbian）、男同性恋（gay）、双性恋（bisexual）、跨性别者（transgender）、质疑者/性别酷儿（questioning/gender queer）、间性者（intersex）和无性恋（asexuality）。

- 女同性恋和男同性恋是指在性取向上被其他女性吸引的女性和在性取向上被其他男性吸引的男性。
- 双性恋是指对男性和女性都具有性吸引力的人。
- 跨性别者是指出生时的生理性别与自我认同的性别相反的人。
- 质疑者是指尚未确定自己性取向的人。
- 性别酷儿是不以男性或女性定义自己的性别的人。
- 间性者是指不符合性别角色和（或）介于性别之间的人。
- 无性恋是指不具有性欲望或者宣称自己没有性取向的人。

迄今为止，关于 LGBTQIA 成人人群的研究有限，在儿童与青少年中的研究更少。女同性恋、男同性恋、双性恋和跨性别者问题咨询胜任力协会（Association for Lesbian, Gay, Bisexual, and Transgender Issues in Counseling Competencies，ALGBTIC）指出，"具备这些胜任力的目标是提供一个框架，与 LGBTQIA 个体、团体和社区建立安全、支持和关怀的关系，促进自我接纳和个人、社会、情感和关系的发展（ALGBTIC LGBQQIA Competencies Taskforce et al., 2013）"。首要原则包括警惕不要将差异解释为精神类疾病，以及对当前许多影响 LGBTQIA 人群的问题保持关注。该工作组概述了人类成长与发展、社会和文化基础、助人关系、小组工作、职业倾向和道德实践、职业和生活方式发展、评估，以及研究和项目评估等领域的 120 种能力。下面列出了一些重要的例子（ALGBTIC LGBQQIA Competencies Taskforce et al., 2013, pp.9-13）。

- 确认 LGBTQIA 个体有潜力将他们的性取向和性别认同整合到功能完善和情感健康的生活和社会关系中。
- 考虑到贯穿一生的发展阶段（例如，幼年、青春期以及青年、中年和老年期）可能会影响 LGBTQIA 个体在咨询中提出的担忧，以及无论 LGBTQIA 个体的心理承受力如何，污名、偏见、歧视和被要求成为异性恋的压力都可能会影响他们的发展决策和生活中的里程碑事件。
- 理解情感取向并不一定是固定的——它可以是流动的，并且可能在一生中发生变化。
- 了解 LGBTQIA 个体在一生中，可能会，也可能不会在他们生活的某些或所有方面公开他们的情感取向，透露或不透露情感取向的原因可能有所不同。
- 承认情感取向对每个人来说都是独一无二的，并且在不同人群之间可能会有很大差异。
- 承认和肯定由个人决定的身份，包括偏好的标签，对伴侣的指代称呼，和展现性取向的程度。
- 意识到大众关于情感取向和（或）性别认同或表达的误解和（或）迷思（例如，双性恋是一个"时期"或"阶段"，大多数恋童癖者是男同性恋，女同性恋曾被猥亵或与男性有过不愉快的经历）。
- 承认社会偏见和歧视（例如，恐同症、双性恋恐惧症、性别歧视），并与个体合作帮助其克服内化的对情感取向和（或）性别认同、性别表达的消极态度。
- 承认身体（例如，获得医疗保健，其他健康问题）、社会（例如，家庭或伴侣关系）、情感（例如，焦虑、抑郁、物质滥用）、文化（例如，在他们的种族或民族群体中缺乏他人的支持）、精神（例如，他们的精神价值观与家庭的精神价值观之间可能存在冲突），以及其他压力源（例如，就业歧视导致的经济问题），这些压力源可能会干扰他们实现目标的能力。

咨询师应当一如既往地寻求适当的督导，以保证在伦理原则下开展伦理实践，如果没有充分的准备为特定来访者提供咨询，则应将来访者转介给其他合格的机构或咨询师。

要素 18 了解创伤

创伤对儿童和青少年发展的影响可能是普遍的，会对社会、情感、认知和心理发展等方面造成影响。弗里德曼和马约尔（Frydman & Mayor, 2017）提供的表格概述了创伤带来的广泛的后果和症状，包括家庭和同伴关系受损、孤独、情绪失调、挫折容忍度降低、行为问题增加、执行功能受到抑制、工作记忆受损，以及对抑制能力造成危害。

了解创伤意味着要对创伤影响进行识别和保持敏感性，对触发因素和症状维持保持警惕，有区分症状和行为的能力，并正确看待不良行为，了解如何接近受过创伤的青少年，以确保避免进一步的伤害。

聚焦创伤的认知行为疗法（Trauma-focused cognitive behavioral therapy；Cohen，Mannarino，& Deblinger，2012a；Cohen，Mannarino，Kliethermes，& Murray，2012b）和辩证行为疗法（dialectical behavior therapy；Mazza et al.，2016）是主要的循证治疗模型。治疗包括协助来访者增加安全感；识别和理解创伤及其诱发因素；区分过去的经历和现在的经历；学习、综合和应用适应性技能，如减压、焦虑管理、痛苦耐受、情绪调节和社交问题解决技能；赋予创伤新的意义（Conners-Burrow et al.，2013）。可以在国家建立的创伤组织中找到全面的资源，如美国国家儿童创伤后应激网络（National Child Traumatic Stress Network，NCTSN）、美国儿童福利资讯网（Child Welfare Information Gateway，CWIG）、美国儿童福利协作组织（Child Welfare Collaborative Group，CWCG）。

要素19　了解物质滥用的预警信号以及如何转介

根据美国物质滥用和心理健康服务管理局（Substance Abuse and Mental Health Services Administration，SAMHSA）所述，物质滥用在青少年群体中普遍存在，对儿童、青少年及其家庭、学校和卫生系统存在广泛的影响，并造成了高昂的经济支出。被滥用的物质包括酒精、烟草和非法药物，如大麻、可卡因、海洛因、致幻剂、可吸入的成瘾物、脱氧麻黄碱（甲基苯丙胺）、类罂粟碱（鸦片类），或被滥用的处方类精神治疗药物（即止痛药、镇静剂和兴奋剂）。此外，2016年，在美国12—17岁青少年中，重度抑郁发作（Major Depressive Episodes，MDE）的青少年使用非法药物的比例较高。

2016年，在过去一年中重度抑郁发作的青少年比其他青少年更有可能（分别为31.7%和13.4%）服用大麻和滥用处方类精神治疗药物（即止痛剂、镇静剂和兴奋剂），成为可吸入成瘾物和致幻剂的使用者。大约有33.3万名青少年（占所有青少年的1.4%）在过去的一年中有过物质滥用和重度抑郁发作。

因此，来访者可能会表示自己患有重度抑郁，但很可能不愿意透露他们的物质滥用情况。为了有效地诊断、治疗或推荐来访者进行物质滥用的治疗，你必须知道预警信号。此外，重要的是了解目前常见的俚语或毒品的"街头"名称，以便警惕和识别可能的药物滥用情况。

以下是美国酗酒和药物依赖委员会（National Council on Alcoholism and Drug Dependence，NCADD）列出的一些药物使用问题的预警信号。

酗酒和药物滥用的身体和健康迹象：

- 眼睛充血，瞳孔偏大或偏小
- 开始频繁流鼻血

- 食欲和（或）睡眠模式改变
- 体重突然增加或减少
- 无癫痫病史的癫痫发作
- 个人仪容仪表、外貌和自理能力变差
- 身体协调性差、颤抖、战栗
- 说话不连贯或吐字含混不清
- 无法解释或解释不清的受伤、意外事故和瘀伤
- 口腔、身体或衣服上有不同寻常的气味
- 呼吸中和身体上可识别出药物或酒精的气味

酗酒和药物滥用的行为迹象：

- 学校问题
- 逃课、成绩不及格或下降、被纪律处分
- 出勤率低、行为表现不佳
- 对课外活动、体育运动、爱好失去兴趣，与非成瘾者朋友在一起的时间减少
- 来自同龄人、教练、同事、主管、老师或学校行政部门的担忧和反馈
- 丢失金钱和（或）贵重物品
- 向别人或朋友借钱、负债
- 丢失处方和处方药
- 渴求药物，例如想去紧急护理中心获取止疼药
- 孤独，表现得安静和孤僻
- 有秘密或可疑的行为，隐藏或锁定手机和电脑
- 更加强调隐私权，紧锁卧室门

- 最近与家庭价值观、信仰和公认的规则产生冲突
- 关注与酒精和毒品相关的生活方式，体现在服装、歌词和艺人、贴纸和海报的选择上
- 人际关系、朋友群体、喜爱的场合和爱好的变化
- 经常陷入麻烦之中（争吵、打架、意外事故、非法活动）
- 使用熏香、香水或空气清新剂来掩盖烟味或毒品气味
- 使用眼药水、墨镜或帽子来掩盖充血的眼睛和扩大的瞳孔
- 与家庭成员关系发生变化，产生更多争吵、避免眼神接触并退缩

酗酒和物质滥用的心理预警信号：
- 性格和态度发生改变，和过去不一致（有些事情似乎不对劲）
- 无法解释的情绪变化（例如，易怒、突发愤怒，或不合时宜的犯蠢和大笑）
- 在一定时期内，被一种你从未见过的方式所驱使或刺激
- 近期动力下降，嗜睡的情况增加
- 注意力下降
- 看上去游离、脆弱或心不在焉
- 表现出恐惧、孤僻、焦虑、甚至偏执，没有明显或合乎逻辑的原因

咨询可以包括个体、团体和（或）家庭咨询，来访者可以被转介到门诊治疗或住院进行康复治疗。读者可以参阅本书第 6 章，以获得关于转诊治疗的进一步信息。

要素20 具备大局观

最后，儿童和青少年的成长是不断发展的过程。他们在发现自己是谁，在尝试自己性格的不同方面。在儿童成长的环境中，许多引起成年人反应的行为，实际上是儿童正常发展的一部分。卡兹汀（Kazdin，2003）在回顾儿童和青少年咨询与治疗方面的研究时，很好地总结了这一点："决定是否进行干预、何时进行干预是一项特殊的挑战，因为许多看似有问题的行为，可能是短暂的问题或成长过程中的扰动，事实上并不是持久的临床意义上受到损伤的表现。"青少年的问题行为往往在成年早期得以解决。斯坦伯格（Steinberg）和莫里斯（Morris）在对青少年发展研究的回顾中，探索了自埃里克森（Erikson）、皮亚杰（Piaget）、科尔伯格（Kohlberg）的理论衰落以来，没有任何被广为接受的、新的、规范性的发展理论，他们指出，最近的研究重点是识别个体在青少年期表现出来的问题，与那些更早出现的、持续存在于整个生命周期的问题之间的区别。

一方面，你可能只是在这些儿童和青少年来访者身上看到了成人发病障碍的假象，不要急于进行成人标准的诊断。青春期的本质本身就包含用于疾病诊断的特征。例如，美国精神病学会概述了以下与青春期相关的边缘型人格障碍的诊断特征（APA，2013，pp.663-664）：

- "对环境非常敏感"
- "对他人的看法发生突然和戏剧性的转变"
- "自我形象发生突然和戏剧性的转变，以目标、价值观和职业抱负的转变为特征"

- "由于情绪的显著活跃导致的情绪不稳定"
- "容易感到无聊并会不断地找事情做"

许多青少年表现出的这些特征，实际上在正常的儿童发展和成长范围内。《精神障碍诊断与统计手册》第五版（Diagnostic and Statistical Manual of Mental Disorders, Fifth Edition）澄清了这一点："咨询师应该认识到，儿童时期出现的人格障碍特征往往不会持续到成年。"

另一方面，不要忽视或错过疾病的线索。咨询师的工作在于理解和辨别引发问题的原因。咨询师需要分辨，这是正常——尽管混乱——的发展过程，还是真正的疾病发作。随着时间的推移，对来访者的问题发展进行追踪监测是至关重要的。咨询师必须注意到儿童发展的趋势，而不是仅仅从有限的信息或从当前局限的角度立即得出结论。正常的发展并不总是系统、稳定和持续的。每个个体的发展速度差别很大，有时在一定的时间内就会实现里程碑式的发展。所以，在咨询的过程中，必须考虑正常的青春期背景，并从这个视角看待你的来访者。

总结和问题讨论

为咨询构建合适的情境是相当复杂的，需要使用各种各样的咨询技能。咨询师必须有组织地准备和思考在首次咨询中要完成什么样的任务。考虑一下：

- 在首次咨询中，有哪些部分是最重要的、必须展开讨论的？

有些咨询师认为初始评估和咨询特别具有挑战性。对一些儿童及其照料者来说，开启一段咨询可能会带来很大的压力，打破与他们的沟通障碍是至关重要的。咨询关系一旦建立，咨询过程便会自然发展，咨询师和来访者都会感到更加放松。反思以下几个问题是有帮助的。

- 在咨询中的沟通技巧与在其他环境中有何不同？
- 建立一个安全的咨询环境需要哪些技能？
- 我拥有什么技能（以及我需要提高什么技能）来赢得来访者的信任？

保密是咨询过程中的一个关键因素，受伦理准则和国家法律法规的约束。咨询师必须对咨询环境中的隐私权和保密性有清晰的概念。为了帮助你应用这些信息，总结一下你将如何与你的来访者及其照料者沟通隐私权和保密性。

为来访者提供个性化咨询以满足来访者在不同发展阶段的需求，也是一项相当复杂的工作。为了让自己对这一点有清晰的概念，请反思以下几点。

- 在与每个发展阶段的儿童一起工作时，要记住哪些关键的发展因素？
- 应该如何根据不同发展水平的特点来调整咨询服务？
- 我与哪个发展水平的来访者合作最有效，为什么？

参考文献

ALGBTIC LGBQQIA Competencies Taskforce, Harper, A., Finnerty, P., Martinez, M., Brace, A., Crethar, H. C., ... Hammer, T. R. (2013). Association for lesbian, gay, bisexual, and transgender issues in counseling competencies for counseling with lesbian, gay, bisexual, queer, questioning, intersex, and ally individuals. *Journal of LGBT Issues in Counseling, 7*(1), 2–43.

American Counseling Association (ACA). (2014). *ACA code of ethics.* Alexandria, VA: Author.

American Psychiatric Association. (2010). *The principles of medical ethics with annotations especially applicable to psychiatry.* Arlington, VA: American Psychiatric Association.

American Psychiatric Association. (2013). *Diagnostic and statistical manual of mental disorders* (5th ed.). Washington, DC: APA.

American Psychological Association. (2017). *Ethical principles of psychologists and code of conduct.*

Berk, L. E. (2017). *Development through the lifespan* (7th ed.). New York, NY: Pearson.

Boldero, J., & Fallon, B. (1995). Adolescent help-seeking: What do they get help for and from whom? *Journal of Adolescence, 23*, 35–45.

Bronfenbrenner, U. (1986). Ecology of the family as a context for human development: Research perspectives. *Developmental Psychology, 22*(6), 723–742.

Bronfenbrenner, U. (2005). Ecological systems theory (1992). In U. Bronfenbrenner (Ed.), *Making human beings human: Bioecological perspectives on human development* (pp. 106–173). Thousand Oaks, CA: Sage Publications Ltd.

Butler, P. W., & Middleman, A. B. (2018). Protecting adolescent confidentiality: A response to one state's "Parent Bill of Rights." *Journal of Adolescent Health, 63*(3), 357–359.

Child Welfare Collaborative Group, National Child Traumatic Stress Network. (2008). *Child welfare trauma training toolkit: Trainer's guide.* Los Angeles, CA; Durham, NC: National Center for Child Traumatic Stress.

Child Welfare Information Gateway. (2012). *Trauma-focused cognitive behavioral therapy for children affected by sexual abuse or trauma.* Washington, DC: U.S. Department of Health and Human Services, Children's Bureau.

Cohen, J. A., Mannarino, A. P., & Deblinger, E. (Eds.). (2012a). *Trauma-focused CBT for children and adolescents: Treatment applications.* New York, NY: Guilford.

Cohen, J. A., Mannarino, A. P., Kliethermes, M., & Murray, L. A. (2012b). Trauma-focused CBT for youth with complex trauma. *Child Abuse & Neglect, 36*(6), 528–541.

Coleman, D. J., & Kaplan, M. S. (1990). Effects of pretherapy videotape preparation on child therapy outcome. *Professional Psychology: Research and Practice, 21,* 199–203.

Conners-Burrow, N. A., Kramer, T. L., Sigel, B. A., Helpenstill,

K., Sievers, C., & McKelvey, L. (2013). Trauma-informed care training. *Children and Youth Services Review, 35*, 1830–1835.

DiGiuseppe, R., Linscott, J., & Jilton, R. (1996). Developing the therapeutic alliance in child-adolescent psychotherapy. *Applied and Preventive Psychology, 5*, 85–100.

de Greef, M., Pijnenburg, H. M., van Hattum, M. J., McLeod, B. D., & Scholte, R. H. (2017). Parent-professional alliance and outcomes of child, parent, and family treatment: A systematic review. *Journal of Child and Family Studies, 26*, 961–976.

Fitzpatrick, M. R., & Irannejad, S. (2008). Adolescent readiness for change and the working alliance in counseling. *Journal of Counseling and Development, 86*, 438–445.

Frydman, J. S., & Mayor, C. (2017). Trauma and early adolescent development: Case examples from a trauma-informed public health middle school program. *Children & Schools, 39*, 238–247.

Glosoff, H. L., & Pate, R. H. (2002). Privacy and confidentiality in school counseling. *Professional School Counseling, 6*, 20–27.

Hawley, K. M., & Garland, A. F. (2008). Working alliance in adolescent outpatient therapy: Youth, parent and therapist reports and associations with therapy outcomes. *Child and Youth Care Forum, 37*, 59–74.

Hendricks, K. (2005). Cross-cultural counseling: A transpersonal approach. *Counseling and Human Development, 37*, 1–7.

Hofmann, F. H., Sperth, M., & Holm-Hadulla, R. M. (2015). Methods and effects of integrative counseling and short-term psychotherapy for students. *Mental Health & Prevention, 3*, 57–65.

Huss, S. N., Bryant, A., & Mulet, S. (2008). Managing the quagmire of counseling in a school: Bringing the parents onboard. *Professional School Counseling, 11*, 362–367.

Kazdin, A. E. (2003). Psychotherapy for children and adolescents. *Annual Review of Psychology, 54*, 253–276.

Knox, S., Adrians, N., Everson, E., Hess, S., Hill, C., & Crook-Lyon, R. (2011). Clients' perspectives on therapy termination. *Psychotherapy Research, 21*(2), 154–167.

MacCluskie, K. (2010). *Acquiring counseling skills: Integrating theory, multiculturalism, and self-awareness*: Upper Saddle River, NJ: Merrill.

Mazza, J. J., Dexter-Mazza, E. T., Miller, A. L., Rathus, J. H., & Murphy, H. E. (2016). *DBT skills in schools: Skills training for emotional problem solving for adolescents (DBTSTEPS-A)*. New York, NY: Guilford.

Meier, S. T., & Davis, S. R. (2011). *The elements of counseling* (7th ed.). Belmont, CA: Brookes/Cole.

Mitchell, C. W., Disque, J. G., & Robertson, P. (2002). When parents want to know: Responding to parental demands for confidential information. *Professional School Counseling, 6*, 156–161.

National Association of School Psychologists (NASP). (2010). *Principles for professional ethics*.

National Association of Social Workers (NASW). (2017). *Code of ethics of the national association of social workers*.

National Council on Alcoholism and Drug Dependence, Inc. (NCADD, 2018).

Reis, B. F., & Brown, L. G. (2006). Preventing therapy dropout in the real world: The clinical utility of videotape preparation and client estimate of treatment duration. *Professional Psychology: Research and Practice, 37*, 311–316.

Ryan, R. M., Lynch, M. F., Vansteenkiste, M., & Deci, E. L. (2011). Motivation and autonomy in counseling, psychotherapy, and behavior change: A look at theory and practice. *The Counseling Psychologist, 39*(2), 193–260.

Steinberg, L., & Morris, A.S. (2001). Adolescent development. *Annual Review of Psychology, 52*, 83–110.

Substance Abuse and Mental Health Services Administration. (2017). *Key substance use and mental health indicators in the United States: Results from the 2016 National Survey on Drug Use and Health* (HHS Publication No. SMA 17-5044, NSDUH Series H-52). Rockville, MD: Center for Behavioral Health Statistics and Quality, Substance Abuse and Mental Health Services Administration.

Sullivan, J. R., Ramirez, E., Rae, W. A., Razo, N. R., & George, C. A. (2002).Factors contributing to breaking confidentiality with adolescent clients: A survey of pediatric psychologists. *Professional Psychology: Research and Practice, 33*, 396–401.

Swift, J. K., & Callahan, J. L. (2011). Decreasing treatment dropout by addressing expectations for treatment length. *Psychotherapy*

Research, 21, 193–200.

Swift, J. K., Greenberg, R. P., Whipple, J. L., & Kominiak, N. (2012). Practice recommendations for reducing premature termination in therapy. *Professional Psychology: Research and Practice, 43*, 379–387.

Tan, J. O. A., Passerini, G. E., & Stewart, A. (2007). Consent and confidentiality in clinical work with young people. *Clinical Child Psychology and Psychiatry, 12*, 191–210.

Tsai, M. H., & Ray, D. C. (2011). Children in therapy: Learning from evaluation of university-based community counseling clinical services. *Children and Youth Services Review, 33*, 901–909.

U.S. Department of Health and Human Services. (n.d.). *Summary of the HIPAA privacy rule.*

Vogel, D. L., Wester, S. R., & Larson, L. M. (2007). Avoidance of counseling: Psychological factors that inhibit seeking help. *Journal of Counseling and Development, 85*, 415.

Walitzer, K. S., Derman, K. H., & Connors, G. J. (1999). Strategies for preparing clients for treatment: A review. *Behavior Modification, 23*, 129–151.

Zack, S. E., Castonguay, L. G., & Boswell, J. F. (2007). Youth working alliance: A core clinical construct in need of empirical maturity. *Harvard Review of Psychiatry, 5*, 278–288.

第 2 章

儿童和青少年的咨询过程

引言

微技术是有效咨询中涉及的具体的基础技术,它们能促进咨询和联盟的形成过程。咨询干预的成功在很大程度上取决于这些技术,这些技术有助于创造必要条件,从而使来访者产生积极的变化。

要素 21 先反映(内容、感受和意义)

反映(reflect)是咨询的基本微技术之一,有多种用途(Harms,2007;Ivey et al.,2007;MacCluskie,2010;Meier & Davis,2010;Sharpley et al.,2000)。

- 表达咨询师对来访者的兴趣、共情、理解和接纳
- 帮助来访者感觉到咨询师在倾听,自己的声音被听到了
- 帮助来访者感到被认可、被关心、被尊重、被确认和被理解
- 加强治疗关系
- 鼓励进一步表达;创造动力
- 引导来访者参与咨询过程
- 成为来访者的镜子——让来访者有机会"看到并听到"自己的想法、感受、行为、价值观、解释、结论
- 减少或消除回避、最小化或压抑情绪的现象

- 为来访者提供澄清、理解和审视的机会
- 允许来访者进一步探索想法、感受和行为，这些将成为他们成长的动力
- 协助来访者获得洞察力
- 温和地挑战来访者的立场
- 为咨询师澄清来访者想表达的确切意思

有效地反映需要不断地对来访者的言语和非言语反应，及其可能的含义进行持续的高度追踪。同样，咨询师必须为来访者提供复杂程度恰当的反映。最佳的反映性倾听有利于来访者持续地探索自我，它并不包含向来访者提出忠告、表示赞同或不赞同、建议、暗示、教导、警告和质疑。

反映是在内容、感受和意义层面上进行的。
- 在内容层面的反映也称为释义（paraphrase）。咨询师只是以一种非评判性的方式重述来访者口头表达的基本信息或游戏中表现出的行为。
- 在感受层面的反映是通过感受陈述强调情感维度来进行的，使来访者的感受变得明晰。来访者可能意识到也可能没意识到他们的感受。反映会加深来访者对其感受的意识、体验和理解。此外，感受可能是复杂和（或）难以处理的。把来访者同时拥有的各种感受进行梳理和疏解，可以启发并宽慰来访者。当感受被理解和弄清楚时，来访者就可以进一步表达和释放情绪。通过注意和观察，咨询师还可以反映来访者在肢体语言、面部表情和语气中表达的内容。
- 在意义层面对来访者的表达进行反映，就是向来访者反映

其自身价值观、信念、解释和结论。这有助于促进来访者的成长和洞察力的提升。
- 反映应该以引导性的短语开始，比如"听起来像……""我听到你在说……"或"你想知道……"。

在反映之后，你要和来访者核实，以确认你的反映是否准确且与来访者的体验是否相符，这是非常重要的一步。不要假定你是正确的——你有可能是错误的，来访者很可能会感到被误解和无奈，这也会损害你们的治疗关系。与来访者进行核实不仅可以防止这种情况发生，还可以进一步帮助来访者充分地表达自己，使他们被赋能并获得对体验的掌控感。

要素22　专注于感受

体验的情感方面往往是最难以调节的。许多人感到很容易被情绪淹没，而且几乎没有可以用来有效处理情绪的工具。因此，这些感受常常被忽视、最小化，并没有得到有效的处理。儿童和青少年正处于发展情绪能力的过程中（MacCluskie, 2010）。通常情况下，父母和生活中的其他成年人由于自身的挑战，会对不舒服的感觉采取回避的模式。此外，当儿童或青少年提到自己遇到的问题或困难时，大多数成年人和同龄人的反应通常是帮助或直接解决问题。感受往往被忽略，因此，儿童在认知理解他们所经历的事情和情感内容之间可能会出现脱节。而咨询师关注来访者的感受将有助于整合他们经验中的情感和认知内容，允许他们在安全和支持性的治疗关系下，挑战这些看似会压垮自己的感受。

在下面的例子中，你会看到咨询师本来可以很容易地进入问题解决模式，或因为来访者说了很多而仅仅对来访者说的内容进行反映。相反，这位咨询师有效地关注到了来访者的感受，注意到了非言语信号，并向来访者反映了她观察到的感受。来访者因此能够澄清和处理她所感受到的情绪。咨询师能够有效地深入和处理来访者的感受是有效咨询的本质。

来访者：我化学考砸了，今天不能参加棍网球比赛了。我的祖父母开了3小时的车来看我，爸爸说可能会有一个招募教练来看我的比赛。我不能告诉爸爸我不会上场。我就是不能（双手紧握，眉头紧锁，声音高昂，语速快）。

咨询师：你看起来和听起来都很焦虑。

来访者：我无法呼吸。我太害怕了。我爸爸会杀了我的。

咨询师：你很害怕。

来访者（哭泣）：我爸爸在大学里打棍网球。他希望我也能打棍网球。他永远不会理解（抽泣）。我还不够好。

要素 23　总结

总结（summarize）包括将内容和感受进行整合，将儿童或青少年表达的内容归纳为要点（Smaby & Maddux，2011）。总结内容可以帮助来访者看到事物之间的联系，产生一种凝聚的、更大图景的感觉,注意到那些缺少联系的部分或不完整的想法,并认识到不一致的地方(Smaby & Maddux,2011)。咨询师在进行总结时,儿童或青少年有机会扩展他们自己的观察、见解和叙述。斯梅比和马达克斯(Smaby & Maddax,2011)观察到,新手咨询师在咨询过程中往往等待太久才进行总结,错过了认可、鼓励,以及完善对来访者的理解的机会。

例如,一位女性青少年向你说明对她造成深刻影响的一个情境。她可能会解释背景(例如,涉及的人,事件发生时她在哪,事件发生在什么时刻)。她可能还会解释她对该事件和情境的所有想法。此外,在她说话时,她可能描述或向你展示了与该事件相关的感受,以及在回忆该经历时产生的感受。**在总结的时候,你需要把背景、感受和认知结合起来**。这会为她提供被倾听和被看见的体验,同时也会提供一种将经验、思想和感受联系起来并进行整合的感觉。在下面的例子中,你会看到咨询师就一个年轻运动员与队友之间关系的挣扎进行总结,并将来访者的感受与她所分享的语言内容结合起来。这可以让来访者在特别能触发她的关系互动的方面继续深入探索重要的部分。这样的总结会提升来访者的洞察力(Smaby & Maddux,2011)。

> **来访者**:教练告诉我和萨拉,我们需要在训练前在球场上见面,复习一些关键战术。我们告诉教练可以见面,我们就这样约定好了。(来访者将她的头埋进手中,看起来焦虑且痛苦)。结果萨拉迟到了25分钟,表现得好像我在强迫她练习。她说她不想练习,她说教练是个浑蛋,让我们做额外的练习。她做得不对,还把这一切都归咎于我。(说

话时她抬起头，进行眼神交流，然后又把头埋进手里。）为什么我需要成为那个让萨拉努力的人？为什么？我不知道该怎么做。我想如果教练知道萨拉的言行，一定会生她气的。

咨询师： 你和萨拉同意进行额外的练习。萨拉迟到了，也不合作，还说教练坏话。这让你感到有压力和焦虑。感觉萨拉让你很为难。你不知道该怎么做或怎么说。

来访者： 是的。我遇到这种情况就会僵住。比如当有人做错事或不负责任时，我心里明白也许我应该说些什么，但我又不敢说，或者我觉得对方可能会生气，然后我就什么都不说了。我只是觉得压力很大。

要素 24 反映过程

反映还包括对咨询中即时过程的反映（Smaby & Maddux, 2011）。也就是说，在咨询过程中发生的即时互动是非常重要的学习情境。这类似于：（1）有人描述了做瑜伽树式[①]的步骤，然后要求你稍后尝试；（2）有人要求你站起来尝试树式，同时指导你完成。这两个过程有很大的区别。对互动的实时处理为来访者创造了一个很好的机会来了解自己，并能在感受产生时参与到处理感

---

① 一种常见的瑜伽体式。——译者注

受的过程中。例如，和一位四年级女生工作的咨询师注意到，每当他开始引导她讨论父母的离婚（转介的原因）时，她就说她太累了，无法继续谈话，并问她是否可以离开。有效的回应在于是否对过程进行反映，而不是对内容进行反映。在下面的例子中，你会看到咨询师能够通过反映过程，将来访者与她自己的感受联系起来。

> 来访者：我真的很累，不想再继续谈话了。我可以走了吗？
> 咨询师：梅甘，我注意到当我提到你父母的离婚时，你就会说你很累，想要离开。
> 来访者：（梅甘眼含泪水，点了点头。）
> 咨询师：你父母离婚真让人伤心，想要谈论这么伤心的事情很难。

一旦梅甘了解了她对父母离婚的感受，咨询师就可以和她一起处理这些感受。例如，他可以让她画出她的感受，或者问她当感到悲伤时她通常会做什么。如果咨询师回答了她的问题，或和她谈论咨询时长或关于她的疲劳的话题，他很可能会错过帮助梅甘处理感受的机会。

要素 25　简短地发言

你说得越少，你的来访者就有越多的时间和空间去表达或游戏来进行治疗。咨询师应该为来访者留出空间，以便来访者能够在场并参与进来。咨询师的工作是促进来访者的表达,而不是干涉它(Harms,2007;Ivey et al.,2007;Meier & Davis,2010)。使用最低限度的鼓励,如点头和语气词(例如,"嗯哼"),向来访者表明你在关注和倾听,而不是打断或支配(Harms,2007;Ivey et al.,2007;MacCluskie,2010;Meier & Davis,2011;Sharpley et al.,2000)。最低限度的鼓励也向来访者表明,他们应该继续分享他们的体验、想法和感受。

要素 26 允许并运用沉默

在社交交流中谈话出现停顿的时候,我们会有一种想要说点什么的冲动,这很常见。但在咨询过程中,沉默可能是非常有价值的。就像简短地发言一样,重要的是给你的来访者表达的空间。在治疗性谈话的短暂平静中突然介入,会妨碍来访者思考自己的想法和感受,并进一步表达出来。沉默会给人反思和处理的时间,促进自我意识和成长。因此,尽管一开始可能会感到尴尬,但如果不学习如何有效地利用沉默,就很可能让咨询偏离目标。此外,如果来访者没有机会完整地表达他们的想法,你实际上可能会误解或曲解来访者的意思(Harms,2007;MacCluskie,2010;Sharpley et al.,2005)。

沙普利等人(Sharpley et al.,2005)在关于沉默和良好咨访关系的研究中发现,在被来访者评价为关系非常好的咨询中,在几分钟内保持沉默的次数是显著更多的。

咨询师用问题来填补这些沉默的尝试,可能并不利

于形成融洽的关系，而融洽的关系是建立治疗联盟的关键。沉默应该被看作互动的一部分，而不是互动的缺失。（p.158）

研究者还发现，由咨询师发起并由来访者终止的沉默，以及由来访者发起并终止的沉默，都有助于建立融洽的关系。

要素 27　使用开放式提问

开放式问题很难用"是""不是"或仅仅几个字来回答（Smaby & Maddux，2011）。开放式问题的作用是鼓励来访者进行详细说明，引出具体的例子，并促进来访者的沟通。它们可以是明确的问题，如"当萨拉和你说教练是个浑蛋时，你是如何回应的？"。它们也可以是陈述句，含蓄地要求回应，如"跟我说说你和萨拉的关系"。如果使用得当，可以引发儿童或青少年更深入的洞察力或想法、感受和过程。具体地说，"怎么样"的问题往往可以引出关于感受的讨论；"是什么"的问题往往可以引出关于当前主题的事实和状况的讨论（Smaby & Maddux，2011）。开放式问题也能有效地唤起变化（Arkowitz et al.，2008）。这些问题通常用于动机式访谈，其措辞是为了促使来访者进行设想并采取行动。例如，咨询师可能会问："为什么你认为别人会担心你喝酒？"或"假设你不改变。可能发生的最糟糕的事情是什么？"这些问题的用意某种程度上是面质。咨询师利用这些问题使来访者直面当前的情况，并创造改变的动机。

下面是一些开放式问题的例子。

- 关于你和萨拉的关系,请告诉我更多的信息。
- 如果你不担心她的反应,你会怎么做?
- 当萨拉迟到时,你感觉如何?
- 对于目前的情况,你希望有什么不同?
- 是什么让你想改变目前的状况?
- 如果你告诉萨拉你的感受,会有什么不同?
- 如果你开始告诉朋友你的感受,6个月后会是什么样子?
- 如果你决定要改变,你会怎么做?
- 你能想象到的改变带来的最好结果是什么?

要素28 有效和谨慎地面质

从业者的经验法则是,当给个体批评性反映或面质(confrontation)时,须先提供其支持性、确认性和鼓励性的三种反映。支持性、确认性和鼓励性的陈述有助于在治疗关系中建立一种信任和接纳的感觉。例如,如"当朋友不为自己的行为负责时,你觉得压力很大"这样的确认性陈述(validating statement),可以帮助来访者感到被看到和被理解。支持性陈述(supportive statement),如"你在学习如何处理具有挑战性的情绪方面取得了很大的进展",这样的反映可以凸显来访者的成功,加强来访者的自我效能感。此外,鼓励性陈述(encouraging statement),如"我有一种感觉,如果你真的努力去做,你会成功的,你可以的",也可以帮助来访者感受到希望和新的可能性。这些类型的陈述可以为成功的面质打下坚实的基础,因为它们可以使来访者在关系中降低防御,处于开放和好奇的状态。举例来说,没有支持的面质如下。

咨询师：这是你连续迟到15分钟的第三个星期了。

来访者：我知道。我很抱歉。我们总是被堵在路上。我想是因为那里每次都发生意外(撒谎)。

下面是同样的面质,但是咨询师给予了支持。

咨询师：乔,我知道你一直很努力去理解你的愤怒和你爸爸的酗酒问题(支持)。要说出你所经历的所有伤害并不容易(确认)。而且,我知道你一直在努力理解自己和酒精的关系。当你做出健康的选择时,我看到了如此美妙的可能性(鼓励)。也许每周都来谈这些具有挑战性的事情有点困难(确认)。这是你连续迟到15分钟的第三个星期了。对此我很感到困惑。

来访者：我知道。我很抱歉。当我开始准备来咨询的时候,我总能发现无数的其他事情在等着我去做。我喜欢和你谈话,但这真的很艰难,我也很难过,有时咨询结束后我会难过好几天。说实话,有时我甚至不想来。

咨询师：你如此诚实,这需要很大的勇气(确认)。我想设定一个准时的目标,然后我们一起想办法,如何使咨询过程对你来说更容易有控制感。这听起来怎么样?

当面质时提供了支持性陈述和确认时，来访者反应中的防御就会减少。也正因如此，乔的反应为咨询师提供了一个机会，让其可以与乔探讨痛苦容忍和情绪调节技能，这两者都是减少物质使用的有效工具。

要素 29 使用与发展水平相匹配的语言

你使用的语言需要与来访者所处的发展阶段相匹配。与发展水平相匹配的实践基于对儿童在某个年龄段的典型发展以及独特能力的了解。考虑到来访者的语言习得和发展水平，你必须根据来访者的发展水平和个人能力，使用来访者能够理解的语言进行交谈。有效沟通才能产生理解。始终考虑来访者的认知成熟度，以他能理解的语言和认知水平进行沟通。如果你的表达不符合来访者的认知复杂程度和抽象思维能力，来访者就不能理解你，甚至会感到困惑。

发展心理学理论家和研究者埃里克森（Erikson，1964）、皮亚杰（Piaget，1962）和维果斯基（Vygotsky，1962）发现，幼儿的语言和抽象思维尚未完全发展。儿童对复杂的感情、思想和问题没有深刻的认识或理解。由于缺乏抽象思考和推理的能力，需要与他们进行具体的交流（Erdman & Lampe，1996）。具体而详细的表达方式会比抽象的表达方式让他们更好理解。牢记儿童和青少年认知发展的一些关键特征是很有帮助的。

- **儿童早期**
  - 前运算阶段（2—7岁）。这个阶段的儿童开始用词汇、图像和图画来表现世界。虽然他们的语言和思维越来越复杂，但他们仍然倾向于用非常具体的语言来思考问题。他们往往以自我为中心，难以从他人的角度看问题。4—7岁时，儿童开始使用原始推理（Piaget, 1962）。

- 儿童在处理问题时使用自我言语，从学前时期出声的自言自语，到小学时期默默地自言自语。儿童开始通过自我言语进行内化和自我调节（Vygotsky, 1962）。
- 在这个年龄段，情绪语言的使用增加，理解情绪和感受前因后果的能力以及对情绪的反思能力提高。他们也越来越意识到其他人可能会有不同的感受，而且在同一时间可以体验到不止一种情绪（Kuebli, 1994）。

- **儿童期**
  - 具体运算阶段（7—11岁）。认知思维更加复杂。虽然思维仍然主要是具体的，但变得更有逻辑性和组织性。这个阶段的儿童可以考虑相互关系，并开始使用归纳逻辑或从具体信息推理到一般原则的推理（Piaget, 1962）。
  - 在语言发展方面，词汇量，对语法、句法和语用学的掌握都在增长。语言可以帮助儿童控制他们的行为（Santrock, 2013）。

- **青春期**
  - 形式运算阶段（11岁及以上）。在这个阶段抽象思维出现了。在认知上，青少年开始使用形式运算，进行抽象思考，越来越多地使用演绎逻辑和推理，并以理性的方式思考。到了青春期后期，这种能力已经牢固地建立起来，也有了提前思考和对可能的结果和后果进行预测的能力（Piaget，1962）。

○ 青少年也开始更多地思考需要理论和抽象推理的道德、哲学、伦理、社会和政治问题（Santrock，2013）。

关于儿童和青少年发展的更全面和详细的信息，请参考有关人类发展的教科书和参考材料。此外，迈耶和戴维斯（Meier & Davis，2010）建议，咨询师也应该使用贴近来访者的语言形式和句子结构。了解来访者的相关文化和社会规范、经验和关注的话题（例如，青少年对社交媒体的使用）也很有帮助。

要素 30　具体化

除了根据来访者的发展水平进行沟通之外，一个重要的咨询技术是帮助你的来访者理解和管理复杂而无形的情感和思想世界。这对所有年龄段的人来说都不是容易的事情。感受本质上是非言语的。在与儿童和青少年一起工作时，使感受和思想具体化是一个重要的起点。

帮助儿童和青少年识别身体感受可以帮助他们理解情绪感受。

咨询师：你在身体的什么地方感觉到愤怒？它是什么感觉？

来访者：我觉得我的手攥得很紧。我的手臂也是。甚至我的胃里也有这种感觉。而且我全身都很热！

咨询师： 所以你的身体在你的手、你的手臂、你的胃，甚至身体的温度中都能感觉到愤怒。

来访者： 是的！我想知道我的脸是不是像我朋友乔一样通红。

在咨询中使用情绪图表也很有价值，可以帮助儿童识别他们的感受，使其更加明确和具体。使用图像可以提供一种更直接地表达和交流无形的情绪的方式。例如，斯通等人（Stone et al., 2013）开发了一个非言语工具，使来访者能够交流并表现出对各种情绪的认知。图形感受工具（Pictured Feelings Instrument，PFI）被证明对儿童和成人都是有效且可靠的，并且它是在模糊了年龄、性别和种族的情况下创建的，可以在跨文化背景和不同年龄段的儿童中使用。

与大龄儿童和青少年一起写日记可以帮助他们释放、探索、反思和调节他们的情绪反应。这也可以成为来访者和咨询师之间沟通的工具（Pennebaker，1997；Stone，1998）。有人建议对不能写作或不习惯写作的来访者，可以使用语音日记或录音叙述。对于那些能够阅读的人，将他们的叙述以书面形式转述出来会更有效力（Stone，1998）。值得注意的是，乌尔里克和卢特根多夫（Ullrich & Lutgendorf，2002）发现，那些在日记中只关注负面情绪表达的参与者实际上报告了更多的身体疾病，而那些在日记中记录了既包括认知处理又包括情绪成分的内容的人报告的身体疾病更少。后者通过这样的形式和过程努力试图理解他们的压力事件，并对这些事件的积极意义有了更多的认识。

要素 31　将策略或技术与处理水平相匹配

简单地将干预措施与儿童的年龄或年级水平相匹配，这种策略是令人神往的。然而，当面对充满感受和挑战的个人信息时，个体的处理能力可能会退步或低于年龄预期水平（见 Cook-Cottone，2004）。也就是说，儿童或青少年可能很难使用其最高水平的智力或技能来解决那些在情感上具有挑战性和引发焦虑的困难。常见的情况是，儿童或青少年在日常概念和经验方面的词汇量较大，而描述情感方面的词汇量相对较小（MacCluskie，2010）。儿童和青少年在咨询经历中学习如何将词汇映射到他们的情绪体验上，以便更有效地表达自己。这是一个过程。将咨询师的策略与儿童或青少年当前的情绪处理和语言表达水平相匹配，是至关重要的。

来访者：我妈妈有时晚上表现得很奇怪。她会说太多次"我爱你"。这很奇怪，而且她说话不清楚。有时她在和我说话时睡着了。我爸爸说她有酗酒的问题，我不知道那是什么意思（该青少年14岁，在上大学先修课程）。

咨询师：我有一本书，讲述了一个孩子在父母成瘾的情况下成长的故事（Black，1997）。我们可以一起读一遍。我想你会在这个故事中看到很多你的经历。之后的事情可能会变得更容易理解一些。

在日常经验中，14岁的孩子可能不会去读一个主要为低龄儿童写的故事（Black，1997）。然而，在这种情况下，这个故事抓住了在成瘾性家庭中成长的事实，并展现了来访者能够识别的场景。这种策略作为一项工具，通常被用于年幼儿童，并很好地与这个学生对其母亲酗酒问题的处理水平相匹配。总的来说，为了提高自我意识和成长，当一个孩子似乎对某个问题或相关情绪的感觉不太成熟时，就可以采用基本的方法：使用艺术、故事或隐喻，要具体，并使方法与儿童的发展水平，而不是他们的年龄相匹配。

要素 32　当言语失效时，使用绘画或游戏

　　游戏是一种自然、愉快、令人满意的活动，它为儿童带来了表达、实验、探索、社会互动的好处，也为他们提供了释放多余能量的机会。在治疗中，儿童和青少年可能无法用语言表达他们的想法和感受。从发展上看，幼儿不具备这样的认知能力。研究者认为，游戏对儿童来说是一种自然的表达方式，有助于推动幼儿的认知发展（Erikson，1964；Piaget，1962；Vygotsky，1962）。年长的儿童和青少年有较强的语言能力，但他们可能仍然难以找到能够表达他们内心体验的语言，或者没有足够的安全感去表达。当传统的谈话疗法无效时，游戏和艺术可以打开通往内在自我的大门，可以帮助儿童和青少年安全地探索、交流和解决他们的矛盾或冲突。

　　游戏治疗有丰富的历史，有大量的研究支持其有效性，并将其作为一种有效的、和儿童发展能力相匹配的治疗和干预方法。2005年进行的一项元分析（Bratton et al.，2005）回顾了93项研究，在这些研究中，对表现出广泛的行为和情绪问题的儿童来说，

游戏治疗被证明是一种有效的干预措施。研究发现，游戏治疗可以帮助儿童和青少年练习能力和技能，帮助儿童形成认知结构，促进他们发展创造性思维，使他们能够安全地探索和寻求新的信息，并掌控焦虑和冲突。通过游戏治疗，咨询师可以理解与解释儿童经历的冲突和他们应对冲突的方法。

咨询师可以在非指导性、精神分析取向、荣格学派、格式塔流派、箱庭（沙盘）治疗及被广泛使用的以儿童为中心的游戏治疗（Child-Centered Play Therapy，CCPT）等领域获得正式的培训。CCPT 是为 3—10 岁的儿童设计的，它基于卡尔·罗杰斯（Carl Rogers，1942）的以人为中心的理论，其基本信念是儿童有一种内在的成长倾向和自我导向的治愈能力。CCPT 源自以人为中心的理论，因此共情、接纳和无条件的积极关注是其标志。它的重点是儿童的体验和儿童进行显著的内部和外部改变的能力。因此，CCPT 的咨询师允许儿童自由玩耍，从而表达他们的内心世界。这使儿童有机会接触自我提升的生活方式，并增加儿童对自己行为的自我责任感（Axline，1947；Landreth et al.，1999；Landreth，2012）。最近的一项研究发现，CCPT 对在课堂上表现出攻击性和破坏性行为的学龄前儿童有显著影响。这些研究人员强调，通过 CCPT 进行早期心理健康干预，可以防止儿童一生中出现更严重的心理问题（Bratton et al.，2013）。

荣格游戏治疗（Jungian Play Therapy，JPT）的信条之一是，通过来访者参与在情感上安全和无威胁的游戏体验，自我中不被认可的部分能够被整合，个体经由这样的过程以成为心理上具有整体性的个体（Jung，1973）。荣格认为，曼陀罗绘画和填色会产生放松的冥想状态，允许、激发（来访者）发现其个人的意义。这使来访者能够安全地恢复分离的自我。在研究中，研究者探讨了用曼陀罗绘画和填色对减轻注意缺陷/多动障碍（Attention-Deficit/Hyperactivity Disorder，ADHD）的男性青少年的压力和焦虑的功效。研究者指出，这种冥想方法"以自我调节和关注当下为特征，对自己的经历采取开放和接受的态度（p.160）"。冥想方法，如绘画，可以用来增强自我意识、自我表达，解决冲突和获得疗愈（Green et al.，2013）。

荣格游戏治疗利用冥想绘画，让来访者有机会简单、随心所欲地画画，这可以激发他们听到和表达内心的声音。对在儿科保健的访谈过程中为幼儿提供绘画机会的促进作用进行元分析后，德里斯纳克（Driessnack，2005）发现许多研究结果显示，绘画似乎可以促进儿童用语言表达自己的能力。这在他们努力表达对那些自己难以描述的事情或概念的看法时尤其重要。德里斯纳克指出："孩子们的绘画可能……是在邀请人们进入他们的世界，而非短暂地一瞥。（p.416）"

伊顿等人（Eaton et al.，2007）在对艺术治疗对创伤儿童的使用和效果的元分析中发现，艺术治疗已经在国际上被成功使用，并且是跨文化情境的。他们发现，许多艺术治疗师认为艺术治疗对儿童比对成人更有效，这也许是因为儿童更容易进行富有想象力的表达。艺术治疗的过程给儿童难以言语化的经历、记忆和情绪提供了一个表达的渠道。儿童和咨询师可以以儿童的方式进行联结和沟通，这创造了赋能感和安全感，以及治疗性的纽带。

这些作者概述了铅笔画、涂色、绘画和黏土是儿童咨询中最常用的媒介。他们认为，随着治疗关系的发展，让儿童讲述自己的艺术作品的故事，可以使咨询师有机会促进儿童对该故事的解释（Eaton et al.，2007）。"随着故事的展开，幻想和现实被区分开，引导自我发现和宣泄，帮助儿童应对创伤的现实和伴随的情绪。（p.256）"

其他表达性疗法包括音乐、戏剧、舞蹈/运动和阅读疗法。玛考尔蒂（Malchiodi，2005）指出，人们有不同的表达和学习风格；因此，利用来访者感到舒适的媒介材料，可以加强与来访者的沟通，使来访者感受到咨询的真实有效。

关于强调咨询师接受表达性治疗培训的重要性，以及有效实施每种艺术疗法所需的培训水平的讨论仍在继续。正如玛考尔蒂（Malchiodi，2005）所引用的，卡森和贝克尔（Carson & Becker，2004）认为表达性治疗是咨询中具有更大创造力领域的一部分。他们认为，咨询中的创造力包括能够以各种技术灵活地应对来访者，并促进治疗中的创造力。格拉丁和纽瑟姆（Gladding & Newsome，2003；被 Malchiodi，2005 所引用）强调，当谈话治疗受到抵制或无效时，快速的绘画或拼贴画可以推动来访者前进。许多表达技术被用来支持广泛的心理治疗和咨询理论，包括精神分析、客体关系、认知行为、人本主义、超个人主义和其他理论（Malchiodi，2005）。在没有正式的游戏或艺术治疗培训的情况下，咨询师可以简单地利用游戏和绘画来帮助儿童放松，发挥创造力，积极地参与治疗，以修正性的方式发挥他们的想象力，并发展治疗环境和关系。

关于决定是否对一些特定的来访者使用游戏和艺术治疗，研究者的建议如下（Kool & Lawver，2010）：

> 非常小的孩子，以及那些可能有严重发育迟缓的孩子将被排除在游戏治疗之外。另外，在另一种相反的情况

下，青少年不再希望进行游戏，而是希望被当作成人对待（p.19）。

咨询师必须探索他们的来访者参与象征性游戏以及谈话的能力和愿望，以确定游戏治疗的效用。

要素 33 使用故事和隐喻

使用故事和隐喻是帮助儿童或青少年了解他们的情感经历并提高问题解决能力的一种方式。通常情况下，他们的感受和经历是难以概念化或进行理性思考的。儿童或青少年会知道他们有很多感受，也明白他们正在经历的事情对他们来说很重要，但他们无法解决这个问题，因为他们缺乏对正在发生的事情的理解。故事和隐喻创造了一座理解的桥梁。它们在两方面发挥作用：（1）提供情感距离，使他们能够对具体的情境进行更有效的情绪处理；（2）为难以理解的情况提供概念性理解的桥梁（Sunderland，2000）。森德兰认为，日常语言不是儿童的情感语言。她提出，意象和隐喻是儿童表达感受的自然语言，可以使他们更容易感受到自己的情感。

为了说明这一点，本书作者（凯瑟琳·库克-科顿）创作了一个故事，教孩子如何在学校里处理烦恼。像"放手""允许你的感觉存在""接受你的情绪体验"这样的语言，即使成年人也很难理解和运用。对于大多数孩子来说，这些短语根本没有任何意义。为了提供一个关于放手或接受焦虑的隐喻，她向孩子讲述了焦虑树的概念。焦虑树是一棵强壮的树，它的存在是为了容纳儿童的烦恼，直到他们准备好再次接受它们。儿童只需要把自己的烦恼放到树上，然后把它举起来，树的枝条就会伸出来，用细枝条和叶子把孩子的焦虑全部包裹住。然后，只要孩子需要，树就会把这些焦虑紧紧抓着。这棵树会因承载孩子的焦虑而获得力量，所以孩子不需要为这棵树烦恼。在咨询中，可以让孩子将这棵树绘制出来，并请他们在树枝上列出焦虑。孩子可以练习把自己的焦虑放在树枝上，并在时机合适的时候选择自己想收回的烦恼。

有许多基于故事和隐喻的工具可供咨询师使用。例如，对于强迫症，瓦格纳（Wagner，2004）的《焦虑山的上上下下：关于强迫症及其治疗的儿童读物》（*Up and Down the Worry Hill: A Children's Book About Obsessive-Compulsive Disorder and Its Treatment*），以及森德兰和阿姆斯特朗（Sunderland & Armstrong，2000）的《威尔和摇摆不定的房子》（*Will and the Wobbly House*），都是很好的选择。有几家出版社专门致力于出版儿童心理治疗方面的书籍。例如，美国心理学会的分支机构想象力出版社（Magination Press）出版由心理健康专业人员或那些和他们密切合作并从事儿童心理治疗工作的人撰写的图书。这些图书可以帮助儿童了解他们的感受，提供相关的主题或情况的信息，并提供广泛实用的应对策略。关于将讲故事作为儿童治疗工具的更多信息，可见桑德兰（Sunderland，2000）在其著作中的描述。

总结和问题讨论

咨询过程是由几个必须练习和掌握的基本微技术组成的。对这些微技术——进行思考有助于加深和内化它们。请考虑以下几点。

- 讨论一下,如果你不花时间给予反映会错过什么。
- 分享一次你有效总结的经验。
- 专门针对你与之工作或希望与之工作的儿童和(或)青少年建立一份有效的开放式问题清单。
- 在面质之前,你认为提供支持和认可有多重要?请举些例子。
- 回忆一下,咨询中来访者不理解你的时候,你是如何意识到这一点的?这是什么原因造成的?
- 你能想出在咨询时进行具体化的其他方法吗?
- 如果没有接受过游戏治疗的正式培训,你准备如何在实践中有效地利用游戏?
- 研究你也许可以接受游戏或艺术治疗培训的地方,并考虑这是否会成为你提高技能的优先事项。
- 将反映内容或解释、反映情感、反映意义进行区分。通过角色扮演进行练习。
- 你什么时候会利用不同类型的反映,为什么?
- 简短地发言。对自己应该说多少话和来访者应该说多少话,你有什么看法?这取决于什么?在什么情况下应该发生什么改变?
- 你对沉默有什么反应?谈话中的沉默会引起你的什么

感觉？
- 在与朋友交谈时发生的沉默相比，与来访者之间发生的沉默会让你有怎样的感受？和父母、老师、你的咨询师之间发生的沉默相比呢？

参考文献

Arkowitz, H., Westra, H. A., Miller, W. R., & Rollnick, S. (2008). *Motivational interviewing in the treatment of psychological problems*. New York, NY: Guilford Press.

Axline, V. (1947). *Play therapy*. New York, NY: Ballantine Books.

Black, C. (1997). *My dad loves me, my dad has a disease: A child's view: Living with addiction*. San Francisco, CA: Mac Publishing.

Bratton, S. C., Ceballos, P. L., Sheely-Moore, A. I., Meany-Whalen, K., Pronchenko, Y., & Jones, L. D. (2013). Head start early mental health intervention: Effects of child-centered play therapy on disruptive behaviors. *International Journal of Play Therapy, 22*(1), 28–42.

Bratton, S. C., Ray, D., Rhine, T., & Jones, L. (2005). The efficacy of play therapy with children: A meta-analytic review of treatment outcomes. *Professional Psychology: Research and Practice, 36*, 376–390.

Carson, D., & Becker, K. (2004). When lightning strikes: Reexamining creativity in psychotherapy. *Journal of Counseling and*

Development, 82(1), 111–115.

Cook-Cottone, C. P. (2004). Using Piaget's theory of cognitive development to understand the construction of healing narratives. *Journal of College Counseling, 7*, 177–186.

Driessnack, M. (2005). Children's drawings as facilitators of communication: A meta-analysis. *Journal of Pediatric Nursing, 20*, 415–423.

Eaton, L. G., Doherty, K. L., & Widrick, R. M. (2007). A review of research and methods used to establish art therapy as an effective treatment method for traumatized children. *The Arts in Psychotherapy, 34*, 256–262.

Erdman, P., & Lampe, R. (1996). Adapting basic skills to counsel children. *Journal of Counseling & Development, 74*, 374–377.

Erikson, E. (1964). *Childhood and society.* New York, NY: Norton.

Gladding, S. T., & Newsome, D. W. (2003). *Art in counseling.* In C. A. Malchiodi (Ed.), *Handbook of art therapy (*pp. 243–253). New York, NY: Guilford Press.

Green, E. J., Drewes, A. A., & Kominski, J. M. (2013). Use of mandalas in Jungian play therapy with adolescents diagnosed with ADHD. *International Journal of Play Therapy, 22*(3), 159–172.

Harms, L. (2007). *Working with people: Communication skills for professional practice.* New York, NY: Oxford University Press.

Ivey, A. E., Packard, N. G., & Bradford Ivey, M. (2007). *Basic attending skills* (4th ed.). Alexandria, VA: Alexander Street Press.

Jung, C. G. (1973). *Mandala symbolism* (2nd printing, R. F. C. Hull,

Trans.). Bollingen Series. Princeton, NJ: Princeton University Press.

Kool, R., and Lawver, T. (2010). Play therapy: Considerations and applications for the practitioner. *Psychiatry, 7*, 19–24.

Kuebli, J. (1994). Young children's understanding of everyday emotions. *Young Children, 62*, 36–48.

Landreth, G. L. (2012). *Play therapy: The art of the relationship* (3rd ed.). New York, NY: Routledge.

Landreth, G. L., Baggerly, J., & Tyndall-Lind, A. (1999). Beyond adapting adult counseling skills for use with children: The paradigm shift to child- centered play therapy. *The Journal of Individual Psychology, 55*, 272–287.

MacCluskie, K. (2010). *Acquiring counseling skills: Integrating theory, multiculturalism, and self-awareness.* Upper Saddle River, NJ: Merrill.

Malchiodi, C. A. (2005). *Expressive therapies.* New York, NY: Guilford.

Meier, S. T., & Davis, S. R. (2010). *The elements of counseling* (7th ed.). Belmont, CA: Brookes/Cole.

Pennebaker, J. W. (1997). Writing about emotional experiences as a therapeutic process. *Psychological Science, 8*(3), 162–166.

Piaget, J. (1962). *Play, dreams, and imitation in childhood.* New York, NY: Norton.

Rogers, C. R. (1942). *Counseling and psychotherapy.* Boston, MA: Houghton Mifflin.

Santrock, J. W. (2013). *Essentials of life-span development.* New York,

NY: McGraw-Hill.

Sharpley, C. F., Fairnie, E., Tabary-Collins, E., Bates, R., & Lee, P. (2000). The use of counselor verbal response modes and client-perceived rapport. *Counseling Psychology Quarterly, 13*(1), 99–116.

Sharpley, C. F., Munro, D. M., & Elly, M. J. (2005). Silence and rapport during initial interviews. *Counseling Psychology Quarterly, 18*, 149–159.

Smaby, M. H., & Maddux, C. D. (2011). *Basic and advanced counseling skills: The skilled counselor training model.* Belmont, CA: Brooks/Cole, Cengage Learning.

Stone, B. A., Markham, R., & Wilhelm, K. (2013). When words are not enough: A validated Nonverbal vocabulary of feelings (Pictured Feelings Instrument). *Australian Psychologist, 48*, 311–320.

Stone, M. (1998). Journaling with clients. *The Journal of Individual Psychology, 54*(4), 535–545.

Sunderland, M. (2000). *Using story telling as a therapeutic tool with children.* Oxon, UK: Winslow.

Sunderland, M., & Armstrong, N. (2000). *Willy and the Wobbly House.* Bicester: Winslow.

Ullrich, P. M., & Lutgendorf, S. K. (2002). Journaling about stressful events: Effects of cognitive processing and emotional expression. *Annals of Behavioral Medicine, 24*(3), 244–250.

Vygotsky, L. S. (1962). *Thought and language.* Cambridge, MA: MIT Press.

Wagner, A. P. (2004). *Up and down the worry hill: A children's book about obsessive-compulsive disorder and its treatment.* Mobile, AB: Lighthouse Press.

第3章

咨询中辅助自我觉察和成长的策略

引言

本章介绍了影响儿童和青少年获得自我觉察和成长的咨询要素。本章介绍的是基于咨询的基础性知识，并为提高咨询效果提供指导。儿童和青少年需要在具有回应性关系（responsive relationships）的背景下茁壮成长，这些关系是能够帮助儿童获得在情感方面的成长的核心（Gus et al., 2015）。在从儿童到青少年再到成人的发展过程中，个体对思维和行为的反思能力也在逐步发展（Gus et al., 2015; Sebastian et al., 2008; Weil et al., 2013）。因此，当年龄较小的儿童对他们的经历和情绪进行反思以发展对自己的认识时，将需要额外的支持和指导。自我调节能力的增长依赖于这种对自我的觉察（Gus et al., 2015）。一个好的咨询师要平衡儿童或青少年对支持的需要和独立进行自我反思的必要性。促进自我觉察和成长取决于作为咨询师的你做什么和不做什么（Cook-Cottone et al., 2015; Meier & Davis, 2011）。动机式访谈（motivational interviewing，MI）、自我决定理论以及儿童和青少年咨询等领域中都有很多鼓励成长和改变的具体技术（例如，Erickson et al., 2005）。因此，本章将强调咨询师行动的关键要素。同样，在某些情况下，只保持在场而不采取行动也很重要，这将为儿童和青少年创造体验的空间，从而提高对自我的觉察——这是成长和改变的关键基础。

要素 34 反映并给予时间处理（做与不做）

大多数咨询师培训项目都会学习反映性倾听和动机式访谈的技术，动机式访谈框架将共情关系和来访者对现状的觉察及接受程度进行了概念化，并以此作为改变动机的基础（Erickson et al., 2005；Magill et al., 2018）。反映性倾听是一种工具，用于与来访者建立共情关系，并为他们获得觉察和接受奠定基础。反映儿童或青少年所说的话或向你展示的内容，可以向他们传达接受、理解和确认（Erickson et al., 2005；Gus et al., 2015；Kinniburgh et al., 2017）。自我意识（即自我概念）和自我觉察是在儿童或青少年体验到他人如何看待自己的过程中通过反思而产生的（Sebastian et al., 2008）。当我们过快地开始解决问题或者使用干预技术时，我们可能会错过为提高儿童或青少年自我觉察和自我理解提供条件的机会，这些经验对来访者自我决定的成长至关重要。在下面的例子中，咨询师过快地开始教授来访者有效的技巧，也许错过了给予来访者反映、允许来访者觉察并成长的机会。

来访者：我无法再承受一次焦虑发作了，我真的不能。

咨询师：让我来教你一些有效的呼吸技巧，当你焦虑发作时，它们可以帮助你。

呼吸技巧的确可以非常有效地帮助缓解焦虑症状（Velting et al., 2004）。然而，如果咨询师能够意识到建立共情关系和增强来访者的自我觉察与自我理解的力量，他就可能会以一种不同的方式走进来访者的世界。

来访者：我无法再承受一次焦虑发作了，我真的不能。

咨询师：听起来你已经达到了你的极限，这真的让你很难受。

来访者：是的，我不知道焦虑何时会发作，似乎每当我要做什么，它就会出现。我无法和我的朋友做任何事——开始做家庭作业。有时我甚至不能回电话或订购比萨饼。

咨询师：当你要采取行动的时候，你的焦虑就会出现。

来访者：是的，我想做很多事情，当我去做的时候……

从上述对话中可以看到，通过反映性倾听，咨询师已经能够更加准确地指出青少年症状出现的时间点。一方面，这种对焦虑发生时间的敏锐理解，可以使呼吸技巧在实践中更有针对性；另一方面，来访者自己也发现了这一点，这可以增强来访者的自我效能感和改变的内在动机（Vansteenkiste et al., 2012）。

对来访者的陈述做出可靠反映的要点如下（MacCluskie, 2010）。

- 重复关键词（来访者"口头强调"的词语）。
- 用一个较长的短语来重复来访者的陈述。
- 准确地重述来访者的陈述。
- 转述来访者所说的内容，强调关键点。
- 使用诸如"听起来像""我听到你这么说"和"似乎是……"类似的表达。
- 捕捉并反映来访者所陈述的感受。
- 给予来访者处理和自发觉察的空间。

要素 35 避免提出建议

虽然给来访者提出建议在解决特定问题的后期阶段是有用的，但这样做也存在不利的方面，比如会培养来访者非治疗性的依赖，导致来访者错过成长的机会（Anderson & Handelsman, 2010; Cook-Cottone et al., 2015; Meier & Davis, 2011）。

来访者：我无法再承受一次焦虑发作了，我真的不能。
咨询师：你有没有试过深呼吸？

在这里，询问来访者是否尝试过深呼吸，表明深呼吸是一件值得尝试的好事（Cook-Cottone et al., 2015; Meier & Davis, 2011）。事实上，深呼吸的确是缓解焦虑的有效工具（Jerath et al., 2015; Velting et al., 2004）。然而，通过使用其他技术，如反映（如前面的例子所示），有机会提高来访者的自我觉察和独立成长。这种探索为自我发现提供了时间并创造了空间（Gus et al., 2015）。正如在我们的例子中，拥有这个反思的机会，来访者就会意识到他的焦虑是在他即将采取行动时出现的。如果咨询师直接提出建议，这种通向自我觉察的关键步骤就可能被忽略。

并非所有提供给来访者的信息都会被当作建议（Cook-Cottone et al., 2015）。研究者对过程性建议和实质性建议进行了区分（Anderson & Handelsman, 2010）。实质性建议包括对问题提出具体的建议或解决方法，前面的例子展示了实质性建议（告诉来访者，当他感到焦虑时，他应该深呼吸）。过程性建议包括教来访者如何解决问题的策略，这可以通过教授本章中提到的问题解决模式或为当前问题提供有经验支持的选择来实现。通过这种方式，咨询师提供有关来访者正在痛苦挣扎的领域中已知的有效知识，扩展来访者用来应对的选择，并提供有关该领域已知的事实，以便来访者在选择下一步行动时能够做出明智的决定（Cook-Cottone et al., 2015）。

总的来说，提供建议是很有帮助的。确切地说，它在有策略的、作为一种过程性的建议实施时是有帮助的。在给出建议之前，先问你自己以下问题（Anderson & Handelsman, 2010）。

- 我提供建议的动机是什么？
- 我给出建议的频率如何？
- 我的建议是有效的吗？它是基于研究和最新、最全面的知识提出的吗？
- 我的建议是否会阻碍来访者的自我探索过程？
- 这是一个过程性建议还是实质性建议？
- 我能引导来访者找到他自己的答案吗？

要素 36　避免依赖问题

新手咨询师通常会依赖于询问问题，因为他们缺少其他各种咨询技能，或者对这些技能没有信心。对于咨询师培训项目来说，提供不允许提问的咨询练习是至关重要的。这很像足球的传球训练，足球运动员必须在不进球得分的前提下，在球场上相互来回传球。诚然，踢足球的主要目的是进球和获胜，但一个只练习射门的球队获胜的机会更小。良好的传球技巧可以将平庸的球员与有效的竞争者区分开。这个比喻适用于咨询工作，一个好的咨询师确实会询问问题,但这只是咨询师拥有的众多技能之一(Cook-Cottone et al.,2015)。拥有多种技能的咨询师在帮助来访者提高自我觉察和成长方面会更加有效。

来访者:萨拉在生我的气,卡拉不会再回复我的短信。最糟糕的是,我妈妈根本不理解我。

咨询师:你妈妈对什么感到困惑呢?

来访者:我不知道,我不确定。

正如你在这个例子中所看到的,所有年龄段的来访者往往不一定知道他们生活中的事件是什么和为什么。提出像这样的问题会使咨询过程停滞不前,而不是让来访者提高自我觉察和成长。而且,提问会使咨询过程从以来访者为中心的探索转变为以咨询师为主导的访谈(Cook-Cottone et al.,2015)。儿童和青少年可能会误解这种类似访谈的情况,认为对问题的回答会被评价为正确的或错误的。一旦发生这种情况,咨询就不再有治疗的感觉,咨询师与来访者的关系也看起来更像大多数成人与儿童的关系。为了使自我探索成为可能,应转变为对儿童或青少年所表达的感受的内容进行反映(Gus et al.,2015;Meier & Davis,2011)。

来访者:萨拉在生我的气,卡拉不会再回复我的短信。最糟糕的是,我妈妈根本不理解我。

咨询师:你和你朋友之间发生了很多事,而且你觉得你妈妈不会知道这对你意味着什么。

来访者:是的,她不明白,我需要她。我感到很孤独,我没有朋友可以求助,我妈妈认为这一切都很愚蠢。我没有任何人可以求助(哭泣)。

询问问题也会以其他方式影响咨询进程。要知道，当你问了一个问题，你就会转移对话中的控制感。询问问题，就像提供建议一样，会使咨询师处于控制的一方，抑制来访者的自我理解（Cook-Cottone et al., 2015）。此外，当咨询师处于主导或控制地位时，就会增加错过来访者真实体验的可能性，减少来访者自我探索的动力。

来访者：我妈妈病得很重。
咨询师：她怎么了？
来访者：她患有肺纤维化。这是一种罕见的疾病……（来访者继续进行详细的解释）。

虽然咨询师现在有了更具体的信息，但这可能不是最有效地利用来访者的对话的咨询。在上述例子中，来访者在处理信息而不是处理情感。这可能错过了一个帮助来访者更好地了解她对母亲的疾病的感受的机会，在这里带强调的反映会是有效的。

来访者：我妈妈病得很重。
咨询师：你妈妈病得**很重**。
来访者：是的，我没有告诉任何人，讲述这件事对我来说很困难。
咨询师：你一直在独自面对这个问题，你感觉有些难以承受。

如果你要询问问题，请注意你所问的问题的种类。有些问题可能比其他问题的帮助更小。例如，要对"为什么"之类的问题保持警惕。对于我们这些有心理学意识的人来说，"为什么"总是在我们的脑海中出现（Cook-Cottone et al., 2015; MacCluskie, 2010）。然而，在大多数情况下，这并不是促进自我觉察和成长的最有效的方式。在某些情况下，"为什么"问题会使儿童或青少年处于防御状态。在防御状态下，来访者不太可能公开处理敏感的情绪内容。

来访者：我妈妈病得很重。

咨询师：你和你的朋友提起过这件事吗？

来访者：没有。

咨询师：为什么？

来访者：我不知道，我不想这么做。

咨询师：你为什么没有求助他人？朋友可以很好地支持你。

来访者：我不想。

区分封闭式问题和更有效的开放式问题很重要（Cook-Cottone et al., 2015; MacCluskie, 2010; Meier & Davis, 2011）。封闭式问题通常以"是""可以""会"和"有"等词为关键词（MacCluskie, 2010, p. 102）。只在你需要特定的信息时使用封闭式问题（Cook-Cottone et al., 2015），在其他情况下应使用其他技巧。当你必须提问时，使用开放式问题或鼓励性要求。马克拉斯基（MacCluskie, 2010）在考虑问题的使用时用了一个钓鱼的比喻，她认为具体的封闭式问题就像在水中投放鱼线来钓鱼。通过这些问题，你最终会得到不连续的信息。虽然你钓到了鱼，但是你仍然面临这样的风险：咨询会陷入咨询师指导的对话模式，来访者等待咨询师的下一个提示。当这种情况发生时，咨询会变得更加信息驱动，咨询师的指导性更强，来访者的自我探索和情感成长就会受到阻碍。

  来访者： 我妈妈病得很重。
  咨询师： 1. 这是最近发生的事吗？
      2. 你要和她一起去看病吗？
      3. 你有支持小组吗？
      4. 你告诉你的朋友了吗？
      5. 支持小组能帮助你吗？
      6. 支持小组会有帮助吗？
      7. 你和你的朋友谈过这个问题吗？

  开放式问题通常能引出更长的回答，这会增加来访者自我探索和成长的机会。开放式问题通常以诸如"怎样、什么、什么时候、什么地方、谁、为什么等"这样的词开头（MacCluskie, 2010, p. 102）。开放式问题就像撒下一张大网，有可能捕到许多不同的鱼（MacCluskie, 2010）。值得注意的是，为了提高开放式问题的有效性，要提供对情感的反映，然后像下面的例子那样提出这个问题。

  来访者： 我妈妈病得很重。
  咨询师： 你看起来很担心，她的身体出什么问题了？
  来访者： 我真的很担心，我们刚刚发现她有一种罕见的肺部疾病，我们都很紧张。我一直没能和其他人谈及此事。我爸爸正试图坚强起来，自己处理这一切。我没告诉任何人。

作为另一种选择，咨询师也可以要求儿童或青少年告诉他更多的信息。

来访者：我妈妈病得很重。
咨询师：你看起来很担心，可以告诉我更多的信息吗？

要素 37 仔细倾听词语的使用

倾听是咨询有效的基础，能增强对来访者的共情，并与其建立治疗联盟（Althoff et al., 2016; Baylis et al., 2011; Kottler, 2017）。作为咨询师，我们应仔细倾听来访者对词语的使用，以了解其含义和背景。倾听那些能够反映儿童或青少年如何看待当前问题、世界以及自己的生活故事的词语，也会对咨询有所帮助（Cottone, 2004; Meier & Davis, 2011; Pennebaker, 2011）。

一位研究词汇和心理学的研究者彭尼贝克（Pennebaker, 2011）认为我们的词语选择中隐含着我们的情绪，例如，愤怒和悲伤在词语的选择上有非常不同的表现方式。当人们生气时，他们的语言倾向于关注他人而不是自己：愤怒的人使用第二人称（如，你）和第三人称（如，他、她、他们）的比例很高。而且愤怒的人倾向于用过去时态说话。悲伤的表达则与"我"和过去时态相关。另外，愤怒和悲伤都与反映式因果思维和自我反思的认知性词语的使用相关。积极的情绪（例如，爱和自豪）往往在表达时很少使用反映自省的认知性词语。事实上，研究人员发现带有自杀内容的网络帖子有一种独特的语言特征，这种语言特征能够预测自杀的风险水平（即字数更多，第一人称的出现次数增加，更多地提到死亡）(O'dea et al., 2017)。关于语言和情感的更多信息，可见彭尼贝克（Pennebaker, 2011）的文章。下面的例子说明了咨询师对用词的处理。

来访者：我妈妈从不听我说话。

咨询师：从不？

来访者：嗯……她有时候会听，但是她今天没有。

咨询师：有时候你妈妈会听你的倾诉，但是今天，你真的感觉她没有在听。

像"总是"和"从不"这样极端的词语可能表明，你的来访者对正在发生的事情有很多感受，并且没有充分利用对情境的有效认知评估。在上述例子中，这个五年级的男孩在表达他对母亲的挫败感，他对此的情绪反映在对词语的使用更加极端和消极上。随着咨询师对"从不"一词的质疑或引起来访者注意，这个孩子变得能够对他母亲的行为进行更准确的认知评估，以及对正在发生的事情有更一致的认识。此外，咨询师确认了孩子的感受，反映出来访者"感觉"妈妈从不听他说话。对大多数人来说，当我们经受挫折时，会"感觉"事情"总是"这样或"永远"不会发生。虽然事情总是或永远不会发生的概率很低，但它给人的感觉仍然是这样的。咨询师确认这种感受，同时为更有效的认知评估提供背景环境，可能会有所帮助（Cook-Cottone et al., 2015）。

像"应该""必须""一定"这样的词反映了对现实的潜在扭曲。了解和核对儿童或青少年的认知和认知歪曲的可能性是很重要的。对有些孩子来说，来自父母、教练和老师的压力确实很大，他们被要求按照不切实际的高标准来表现。在这些情况下，这些词语的使用可能准确地反映了儿童或青少年所处的环境（Spencer et al., 2018）。如果是这种情况，应该与孩子生活中的其他个体一起做家庭工作来解决这些问题。然而，在许多情况下，使用这些词语的儿童和青少年具有认知行为疗法（Cognitive Behavioral Therapy, CBT；见第6章）所描述的认知歪曲。

最后，要倾听儿童或青少年的自我故事（Cook-Cottone & Beck, 2007; Waters & Fivush, 2015）。我们讲给自己的故事会对我们的感知和行为产生极大的影响（Chernin, 1998; White & Epston, 1990）。当个体或他人所构建的生活故事不能充分或准确地反映他们的生活经验时，个体就会缺乏连贯性或体验到不协调感（Waters & Fivush, 2015; White & Epston, 1990）。咨询创造了一个机会，咨访双方以真实地反映来访者的生活经历和积极的发展历程的方式来讲述或重述来访者的生活（White & Epston, 1990）。倾听你的来访者在他们的故事和言语中所扮演的角色。他们是否被迫害，被剥夺权力，在努力中受挫，被批判，被评价，或者被看见和认可？反映来访者所陈述的内容，强调并挑战来访者在对自我和自我设定的自我发展轨迹历程的理解上的差异。将来访者的故事与他们的咨询目标相比较，帮助他们找到内在一致的地方。来访者使用的词语，从单一的词语到他们建构的整个自我故事，都是咨询过程中非常有效的指标（Grassetti et al., 2015）。从词语和故事入手开展工作可以帮助提高来访者的自我觉察和成长（Grassetti et al., 2015）。更多关于叙事疗法的基础知识，可见怀特和爱普斯顿（White & Epston, 1990）的书。

要素 38 聚焦于来访者

一般来说,来接受咨询的儿童和青少年经常把注意力集中在其他人身上,认为他们的挑战和困难来自其他人(Cook-Cottone et al., 2015)。

来访者:我妈妈病得很重,我爸爸和我弟弟的压力都很大。

咨询师:你妈妈生病了,你们全家人都感到很有压力,这对你来说是一个很大的挑战。

来访者:这对我来说太难了,我试图帮助他们所有人,但我做不到(哭泣)。

在这个例子中,咨询师反映了儿童陈述的内容,同时将咨询带回来访者的经历上。尽管儿童或青少年的环境对他们的发展很重要,但在一对一的咨询过程中,环境依旧可以发生改变。在关注儿童或青少年对环境的体验和环境的内容之间保持平衡(例如,"听起来你对妈妈喝酒和爸爸对她的愤怒感到不知所措和焦虑")。值得注意的是,就像这个例子一样,有些时候,儿童或青少年正经历与家人之间潜在的、无法处理的担忧。所以只要有机会,就应安排家庭或父母咨询来协助解决当前的问题(见第6章)。这些咨询应与儿童或青少年个体咨询中的目标、计划和工作相一致。

要素 39 注意非言语信息

咨询师应将来访者的非言语行为视为了解其情感体验的一个

突破口。非言语沟通涉及我们沟通的肢体方面。非言语行为表现在面部表情、肢体动作以及个人说话的方式，如词语的重音、音调、语气、与所说的话的一致性（MacCluskie，2010；Meier & Davis，2011）。通常情况下，来访者不会明确地报告感受，如"我对爸爸感到十分生气"（MacCluskie，2010）。相反，儿童或青少年会报告内容，而感受则呈现在非言语行为中。在以下的例子中，咨询师观察到非言语行为，并反映了孩子所表达的感觉。

  来访者：我爸爸从来不听我说话（来访者焦虑不安，皱着眉头，声音低哑）。
  咨询师：你对你爸爸感到十分生气。

反映言语内容和非言语行为之间的不协调性也特别重要，这种方法可以帮助儿童或青少年提高对自己的非言语表现以及他们的经历中任何潜在的不协调的认识，这对于推动他们的成长非常关键（MacCluskie，2010；Meier & Davis，2011）。

  来访者：我对我爸爸非常生气（哭泣，眼睛低垂）。
  咨询师：你在说你有多生气，但是你看起来很悲伤。
  来访者：我感到很受伤，我以为如果我进入县管弦乐队，他就会出现。我以为我足够好，他就会关心我（哭泣）。

请注意，孩子使用了"我"的陈述，这与悲伤而非愤怒更为一致（Pennebaker，2011；见"要素37"）。此外，她的非言语行为（例如，眼睛低垂）暗示着悲伤。通过反映呈现的情绪，咨询师能够疏通孩子自我感知的愤怒，这种情绪对一些孩子来说体验或表达起来更舒服。通过超越自我感知的愤怒，孩子可以获得成长的机会。在上述例子中，孩子可以探索与父亲有关的问题，比如父亲在她的生活中缺乏存在感，以及她将取得成就作为一种应对方式。这些都是对成长非常关键的领域。

当你意识到儿童或青少年的非言语信息时，他们也可能对你的非言语信息变得更加敏感。作为一名咨询师，要树立清晰而有效的非言语沟通模式。非言语参与是指咨询师在咨询过程中使用非言语交流来回应儿童或青少年（Magnuson et al., 2012）。这包括与他们保持适当的眼神接触，腿和胳膊不交叉、姿态更开放，稍微向前倾斜以表示感兴趣和参与，向后倾斜以提供空间，改变语音、语调和面部表情以反映儿童或青少年的经历，以及整体上看起来放松、舒适和轻松（Magnuson et al., 2012）。与之相反，咨询师应避免分散注意力的举动，如撩头发或抖腿。

要素 40　识别并在身体上定位感受

即使儿童和青少年经常有意识地觉察他们的情绪状态，但他们还没有发展出一种特定的情绪意识，来察觉情绪在身体上的生理表现。通过发展对情绪在身体中的体验的认识，儿童和青少年可以完善他们有意识的、情绪上的自我觉察。努门马等人（Nummenmaa et al., 2014）使用一个图像自我报告工具来揭示不同的情绪状态在身体不同部位上的感受。参与者在情绪词、故事、电影或面部表情的旁边会看到两张人体剪影图片。他们在观看每个刺激物时，要留意他们感知到的活跃程度增加或减少的身体区域，并在人体剪影的对应部位上涂色。研究者发现在不同实验中，不同情绪与统计上可分辨的身体感觉地图是一致相关的。这些发现表明，情绪在体感系统中表现为文化上通用的分类体位图。咨询师帮助来访者意识到他们的躯体感觉，可以为来访者提供一个工具来觉察情绪并解决情绪问题。

来访者：我非常担心明天的情况。这真的让我很烦恼。

咨询师：你现在有很多感受，可以告诉我你在身体的哪些部位有这些感受吗？

来访者：我在胸口感觉到了，紧得让我喘不过气来，在手臂上，我感到一种刺痛的感觉。我不喜欢这种感觉。

你也可以让儿童或青少年在毛绒玩具或玩偶上为你指出他们身体的感受，或者在人形示意图上用颜色来表达感受的特性。允许他们感到不确定，并重新检查他们的身体，看看他们能感觉到什么。通常情况下，画出这些感受可以让儿童或青少年随后谈论他们所画的东西，建立起沟通的桥梁。

要素 41　教授耐受痛苦的工具

识别不舒服或具有挑战性的情绪，是向儿童或青少年教授忍耐痛苦和情绪调节技能的机会（Callahan，2008）。一旦一种感觉被识别并映射到身体上，就要进行自我管理技能的指导。这些技能包括自我安抚、转移注意力和改善当前时刻（Callahan，2008）。

儿童或青少年学会首先识别情绪，然后在不回避的情况下体验它，并最终利用情绪来做决定。

> **来访者**：我非常担心明天的情况。这真的让我很烦恼。
>
> **咨询师**：你现在有很多感受，可以告诉我你在身体的哪些部位有这些感受吗？
>
> **来访者**：我在胸口感觉到了，紧得让我喘不过气来，在手臂上，我感到一种刺痛的感觉。我不喜欢这种感觉。
>
> **咨询师**：我希望你能保持对胸部感受的觉察，并开始放慢你的呼吸，逐渐放松从胸部中心到肩膀的肌肉。每一次呼气都要多放松一点，同时保持对你正在经历的感受的觉察。

更多关于培养儿童情绪调节和痛苦耐受力技能的信息，请参见卡拉汉（Callahan, 2008）及马扎等人（Mazza et al., 2016）的文章。

要素 42　暂停并反映主题／列举话题

与总结相关的咨询技能（有关基本反映的更多信息，参见第 2 章），是反映主题或列举话题（Cook-Cottone et al., 2015; MacCluskie, 2010）。一些儿童和青少年在进入咨询时准备一次性谈论许多事情。对一些儿童和青少年来说，他们所担心的所有事情都属于一个概念合集，问题之间几乎没有区分度。因此，当一个问题被触发或解决时,他们对所有其他担忧的想法和感受都会出现,使他们难以集中精力解决眼前的问题。具有这种特点的儿童和青少年很容易被识别和发现,他们的表现如下。

来访者:我很担心我妈妈。她病得很重,但她还是不吃药。我爸爸一直让她吃药,她说她吃了,但我知道她没吃。我能看得出来,因为她的药瓶一直是满的,而且她感觉不够好,没有办法留意周围的事。我哥哥也没有做家庭作业,我敢肯定。他的期中成绩也出来了。我爸爸太生气了,他说我哥哥必须更加努力,因为妈妈生病了,每个人都有压力;就连我们的狗也哭了,它需要梳毛,但爸爸忙着照顾妈妈,他顾不上其他事情。我知道我应该去做这些,但我拖了又拖,就是不做……

在这样的情况下,如果咨询师等到儿童自己停下来,整节咨询中可能都不会出现治疗性反应。咨询师必须温和友好地打断,并对当前的所有话题进行概述,围绕每个话题建立和塑造一个概念性界限。接下来,咨询师可以把来访者带回优先考虑的问题或咨询的焦点。

来访者:我很担心我妈妈。她病得很重,但她还是不吃药。我爸爸一直让她吃药,她说她吃了,但我知道她没吃……(同前文所述)然后……

咨询师:萨拉(打断),稍等,我先了解一下你告诉我的所有情况。第一,我们知道了你妈妈和她的病以及她需要药物治疗的情况,你也提到了一些与她有关的担忧。这一点很重要，而且正在影响你们整个家庭。第二，听起来你很担心你的父亲是如何应对的，以及他需要做的一切。第三，听起来你的哥哥不能很好地应对。第四，你甚至在担心你的狗。第五，我听到你想要对许多发生的事情负责，同时考虑所有事情似乎令人很难承受。所以（用一张白纸让它呈现得更具体；见第2章，要素30），我们要关注你的妈妈、爸爸、哥哥，还有你的狗，我看到你想同时承担所有事情的责任和担忧。现在，让我们从你的妈妈和你对她的担心开始吧。

将不同的问题区分开，能够使儿童或青少年完善与他们正在努力解决的每个问题相关的认知模式。划分的过程创造了一个建立联系的机会，在大脑皮层或思想上将最初的边缘系统或对所有共同经历引发担忧的情绪反应联系在一起。如果儿童负责掌管自我的思维部分和情感部分的神经系统达到整合状态，会使儿童或青少年进入更加开放、接受和反思的状态。关于整合的更多信息，参见西格尔（Siegel，2012）的文章。

要素43 处理社交媒体、性和骚扰问题

在儿童和青少年的社会、情感和心理发展的过程中，科学技术成了他们生活中重要的内容。社交媒体的出现，以及社交网络、

游戏、视频网站和虚拟世界的过多信息,给儿童、青少年、他们的家庭、学校和咨询师带来了许多挑战。尽管社交媒体的出现会带来一些好处,如与同龄人的积极社会联系、增加学习机会和获得技术技能,但孩子同时也暴露在社交媒体带来的压力、焦虑以及相关冲突中,这些冲突不断渗透进生活中,而且可以被儿童或青少年轻易接触到。社交媒体所带来的相关问题可能包括社会冲突、网络欺凌、侵犯隐私、色情内容、色情短信、成为犯罪的受害者、睡眠剥夺和障碍、注意力问题、网络成瘾、焦虑和抑郁。咨询师必须跟上这些新的变化,它们涉及法律、网络、术语、俚语,以及社交媒体对来访者的心理-社会-情感发展的影响。用于指导实践的最佳指南包括帮助父母了解和接受孩子的科技世界;协助家庭建立媒体使用规则,讨论隐私,学习和执行网络礼仪和网络公民身份;鼓励父母在孩子使用社交媒体方面与孩子进行更多沟通交流;帮助青少年用科技建立界限和限制,找到生活平衡;教授青少年健康的社会互动(American Academy of Pediatrics,2010;Ives,2013;O'Keeffe et al.,2011;Williams & Merten,2011)。随着围绕性、骚扰和社交媒体的实践及法律问题的快速转变和发展,请与你的专业组织(例如,美国心理学会、美国学校心理学家学会、美国社会工作者协会)、当地学区、儿童福利机构和警察机构保持联系,以获得参加研讨会和继续教育的机会。

要素44 为科技产品使用创造界限

在告知儿童和父母许多与技术有关的风险之后,确保儿童和青少年安全的下一步是协助家庭制定科技产品的使用规则。为家庭提供有关媒体和科技的潜在风险和益处的最新相关信息。鼓励家人积极了解相关信息，并参加当地的公开讲座。促进家庭成员深度参与探索和讨论相关风险，并共同得出如何预防伤害的结论（Williams & Merten，2011）。让青少年参与到家庭规则的制定中，这有助于激发他们对规则的主人翁意识，并激励他们遵守这些规则。让每个家庭成员都签署协议，并做出立即行动的承诺，而不是简单地讨论行动（Ives，2013）。

要素 45　教授和练习处理社会冲突的技巧

儿童和青少年发展的一个主要任务是社交和关系的发展。青春期和青少年时期标志着他们的注意力从家庭和父母向同龄人关系和个体化的转变。随着孩子走出家庭，进入学校，并越来越多地与他们的社群打交道，他们要面对各种各样的新个体和不同个性的人。社会冲突，作为生活的一个自然组成部分，是不可避免的。有许多技能（包括天生的微技能）对社会冲突的处理至关重要，包括：

- 沟通
- 自信
- 共情
- 换位思考
- 设置界限
- 管理冲动和愤怒

- 情绪调节

在个体、团体和家庭咨询中详细地教授并练习这些亲社会技能，不仅有助于来访者处理社会冲突，促进心理-社会-情绪健康和幸福感，还可能减少欺凌的发生。研究发现，缺乏亲社会技能的个体会出现欺凌行为，并且在没有其他冲突管理手段的情况下，他们会诉诸身体或关系欺凌（Albright，2017）。

更多的工具和资源，可见：

- 《幼儿技能集：亲社会技能教学指南》（第3版）（*Skillstreaming in early childhood: A guide for teaching prosocial skills*，3rd edition；McGinnis，2011b）
- 《小学生技能集：亲社会技能教学指南》（第3版）（*Skillstreaming the elementary school child: A guide for teaching prosocial skills*，3rd edition；McGinnis，2011c）
- 《青少年技能集：亲社会技能教学指南》（第3版）（*Skillstreaming the adolescent: A guide for teaching prosocial skills*，3rd edition；McGinnis，2011a）
- 《采取行动，通过循证策略管理冲突和欺凌行为》（*Acting to manage conflict and bullying through evidence-based Strategies*；Burton et al.，2015）

要素46 使用问题解决模式

问题解决模式为当前的转介问题和咨询目标建立了一个结构，

也为儿童或青少年未来将面临的困难建立了一个结构。同时，问题解决也是自我决策干预措施的一个关键组成部分，旨在提高来访者的自我调节水平（Karvonen et al., 2004）。元分析数据表明，提高学生的问题解决能力可以促进积极的变化，包括提高适应能力和学业表现（Durlak et al., 2011；Whiston et al., 2011）。使用核心问题解决结构，可以帮助儿童或青少年使用这些步骤构建他们的思维结构（Macklem, 2008）。

- 理解优先问题。
- 制定并评估策略。
- 选择一个策略并设定目标（关于目标设定参见"要素47"）。
- 确定该策略是否有效。
- 在下一个策略或问题中重复执行。

要素47 设定明确、可测量的目标并定期监测进展

正如第1章中提到的，咨询过程应该以目标为导向。你的目标应该建立在对转介问题或儿童和青少年的诊断有效的基础上，与他们所处的环境（学校、家庭、住院环境）相匹配，与和儿童或青少年工作的团队（例如，心理学家、儿科医生、营养学家、社会工作者）相匹配，并且与儿童或青少年的发展相适应。关键是，目标应该是具体和可测量的。以下的指导性问题可以帮助你构建和评估目标。

1. 你的目标是否得到实证支持，或者是否属于你所诊断的

疾病的具有实证支持的疗法的组成部分？
2. 你的目标是否符合治疗设置？治疗设置是明确的吗？
3. 你的目标是否与治疗提供者相匹配？如果有多个治疗提供者（例如，校内和校外），你能否明确谁在做什么？
4. 你的目标是否适应来访者的发展需要？
5. 你的目标是否包括所有关键的目标要素？

  a. 学生将进行＿＿＿＿＿＿（陈述一个可测量的行为－频率、强度、持续时间；例如，玛雅将把她的日常学习时间增加到每天每个学习核心领域至少15分钟。）

  b. 通过＿＿＿＿＿＿＿＿＿＿＿（说明这将如何发生，在哪里，与谁一起；例如，在课后活动期间，在志愿辅导人员的监督下进行。）

  c. 为了＿＿＿＿＿＿＿＿＿＿＿（报告这样做的更抽象的原因；例如，为了提高家庭作业完成率和学业成绩。）

  d. 目标示例

   i. 在接下来的2周里，乔丹将练习深呼吸训练（即吸气数到4，保持数到2，然后呼气数到5），每天4次（上午在乔丹的储物柜前，午餐前，午餐后，最后一节课前），以减少在学校的整体焦虑感。

   ii. 艾丽卡将参加社交技能小组，在放学后每周参加2次，以增加她与同龄人的积极社交互动体验。

   iii. 在接下来的15周内，艾丽卡将选择一种在社会技能小组中介绍过的社交技能，从周一到周五，每天 3 次，与她的同伴一起练习，以获得与同伴交往相关的社会技能。

一旦设定好了目标，就要在之后的每次咨询中处理它们，评估和监测进展（Borntrager & Lyon，2015）。这可以帮助指导你，因为你会对什么是有效的、什么是无效的，以及什么时候你可能需要改变方向、增加或减少强度或频率，或确保额外的支持或更高水平的干预保持记录（Borntrager & Lyon，2015）。当进行进展监测时，请遵循以下实践建议（Borntrager & Lyon，2015）。

- 选择对儿童或青少年有意义的行为目标（Borntrager & Lyon，2015）。例如，更好地成为一个好朋友（倾听和沟通技巧），在考试前更好地处理焦虑。
- 监测进展多于监测症状（Borntrager & Lyon，2015），你还可以监控学校数据、出勤率、迟到率、成绩、去医院的情况和转介情况。
- 与儿童或青少年讨论进展情况，例如反馈（Borntrager & Lyon，2015）。向他们展示目标，讨论他们目前的情况、他们做得怎么样，以及如何达成目标。这些可以通过谈话的方式完成，也可以用视觉或图形上的展示向他们反馈。
- 有关进展监测的更多信息，可参见博恩特雷格和莱昂（Borntrager & Lyon，2015）的文章。

总结和问题讨论

提高儿童或青少年的自我觉察和成长是通过咨询师在工作过程中对他们当下的情绪建立深刻的联系和体验来完成的。实现觉察和成长的途径包括培养耐受和调节情绪的技能,以及增加描述感受的词汇量。咨询师应该让儿童成为咨询的中心,将重点放在儿童及其经验和成长上。仔细倾听儿童或青少年的言语和自我故事,为探索、觉察和成长提供了另一种途径。了解当今经常给儿童和青少年带来压力的事物——社交媒体、科技、同伴骚扰和同伴冲突。最后,使用问题解决模式和监测进展将使你的咨询过程朝着既定目标前进,并给来访者一个处理日后挑战的框架。利用这些要素,你将能够有效地推动与你一起工作的儿童和青少年提高自我觉察和成长。

询问自己以下的问题。

- 我是在主导咨询,还是在为儿童或青少年提供背景环境来发现他们自己的体验?
- 是否有充分的机会来识别和学习实时处理情绪体验?
- 我是否在策略上使用了正确的问题来帮助来访者成长?
- 我了解来访者的自我故事吗?他扮演的角色是什么?故事的发展轨迹是什么?
- 我是否了解哪些事情能够影响儿童和青少年的发展?他们知道他们可以谈论诸如社交媒体和同龄人的事情吗?
- 我是否采取了问题解决的方法?
- 我们(你和你的来访者)是否清楚我们在实现目标和目标行为方面取得的进展?

参考文献

Albright, C. (2017). *Indirect bullying and conflict management skills in childhood and adolescence* (Doctoral Dissertation). Duquesne University, Pittsburgh, PA.

Althoff, T., Clark, K., & Leskovec, J. (2016). Large-scale analysis of counseling conversations: An application of natural language processing to mental health. *Transactions of the Association for Computational Linguistics, 4*, 463.

American Academy of Pediatrics. (2010). *Talking to kids and teens about social media and sexting.*

Anderson, S. K., & Handelsman, M. M. (2010). *Ethics for psychotherapists and counselors: A proactive approach.* Malden, MA: Wiley-Blackwell.

Baylis, P. J., Collins, C., & Coleman, H. (2011). Child alliance process theory: A qualitative study of child centered therapeutic alliance. *Child and Adolescent Social Work, 28*, 79–95.

Borntrager, C., & Lyon, A. R. (2015). Client progress monitoring and feedback in school-based mental health. *Cognitive and Behavioral Practice, 22*, 74–86.

Burton, B., Lepp, M., Morrison, M., & O'Toole, J. (2015). *Acting to manage conflict and bullying through evidence based strategies.* New York, NY: Springer.

Callahan, C. (2008). *Dialectic behavioral therapy: Children and Adolescents.* Eau Claire, WI: PESI.

Chernin, K. (1998). *The woman who gave birth to her mother: Tales of transformation in women's lives.* New York, NY: Penguin Putnam Inc.

Cook-Cottone, C. P. (2004). Using Piaget's theory of cognitive development to understand the construction of healing narratives. *Journal of College Counseling, 7,* 177–186.

Cook-Cottone, C. P., & Beck, M. (2007). A model for life-story work: Facilitating the construction of personal narrative for foster children. *Child and Adolescent Mental Health, 12,* 193–195.

Cook-Cottone, C. P., Kane, L. S., & Anderson, L. (2015). *Elements of counseling children and adolescents.* New York, NY: Springer.

Durlak, J. A., Weissberg, R. P., Dymnicki, A. B., Taylor, R. D., & Schellinger, K. B. (2011). The impact of enhancing students' social and emotional learning: A meta-analysis of school-based universal interventions. *Child Development,* 82, 405–432.

Erickson, S. J., Gerstle, M., & Feldstein, S. W. (2005). Brief interventions and motivational interviewing with children, adolescents, and their parents in pediatric health care settings: A review. *Archives of Pediatric Adolescent Medicine, 159,* 1173–1180.

Grassetti, S. N., Herres, J., Williamson, A. A., Yarger, H. A., Layne, C. M., & Kobak, R. (2015). Narrative focus predicts symptom change trajectories in group treatment for traumatized and bereaved adolescents. *Journal of Clinical Child & Adolescent Psychology,* 44, 933–941.

Gus, L., Rose, J., & Gilbert, L. (2015). Emotion coaching: A universal strategy for supporting and promoting sustainable emotional and behavioural well-being. *Educational & Child Psychology, 32*, 31–41.

Ives, E. A. (2013). iGeneration: The social cognitive effects of digital technology on teenagers. *Master's Theses and Capstone Projects, 92*, 1–107.

Jerath, R., Crawford, M. W., Barnes, V. A., & Harden, K. (2015). Self-regulation of breathing as a primary treatment for anxiety. *Applied Psychophysiology and Biofeedback, 40*, 107–115.

Karvonen, M., Test, D. W., Browder, D., & Algozzine, B. (2004). Putting self-determination into practice. *Exceptional Children, 71*, 23–41.

Kinniburgh, K. J., Blaustein, M., Spinazzola, J., & Van der Kolk, B. A. (2017).Attachment, self-regulation, and competency: A comprehensive intervention framework for children with complex trauma. *Psychiatric Annals, 35*, 424–430.

Kottler, J. A. (2017). *On being a therapist* (5th ed.). New York, NY: Oxford University Press.

MacCluskie, K. (2010). *Acquiring counseling skills: Integrating theory, multiculturalism, and self-awareness.* Upper Saddle River, NJ: Merrill.

Macklem, G. (2008). *Practitioner's guide to emotional regulation in school-aged children.* New York, NY: Springer Science and Business Media, LLC.

Magill, M., Apodaca, T. R., Borsari, B., Gaume, J., Hoadley, A., Gordon, R. E. F.,. . . Moyers, T. (2018). A meta-analysis of motivational interviewing process: Technical, relational, and conditional process models of change. *Journal of Consulting and Clinical Psychology, 86*(2), 140–157.

Magnuson, S., Hess, R. S., & Beeler, L. (2012). *Counseling children and adolescents in schools: Practice and application guide.* Thousand Oaks, CA: Sage.

Mazza, J. J., Dexter-Mazza, E. T., Miller, A. L., Rathus, J. H., & Murphy, H. E. (2016). *DBT® skills in schools: Skills training for emotional problem solving for adolescents Dbt steps-a.* New York, NY: Guilford Publications.

McGinnis, E. (2011a). *Skillstreaming the adolescent: A guide for teaching prosocial skills* (3rd ed.). Champaign, IL: Research Press.

McGinnis, E. (2011b). *Skillstreaming in early childhood: A guide for teaching prosocial skills* (3rd ed.). Champaign, IL: Research Press.

McGinnis, E. (2011c). *Skillstreaming the elementary school child: A guide for teaching prosocial Skills* (3rd ed.). Champaign, IL: Research Press.

Meier, S. T., & Davis, S. R. (2011). *Elements of counseling* (7th ed.). Belmont, CA: Brookes/Cole.

Nummenmaa, L., Glerean, E., Hari, R., & Hietanen, J. K. (2014). Bodily maps of emotions. *Proceedings of the National Academy of Science, 111*, 646–651.

O'dea, B., Larsen, M. E., Batterham, P. J., Calear, A. L., & Christensen, H. (2017). A linguistic analysis of suicide-related Twitter posts. *Crisis, 38*, 319–329.

O'Keeffe, G. S., Clarke-Pearson, K., & Council on Communications (2011). The impact of social media on children, adolescents, and families. *Pediatrics, 127*, 800–804.

Pennebaker, J. W. (2011). *The secret life of pronouns: What our words say about us*. New York, NY: Bloomsbury Press.

Sebastian, C., Burnet, S., & Blakemore, S. (2008). Development of the self- concept during adolescence. *Trends in Cognitive Science, 12*, 441–446.

Siegel, D. (2012). *The developing mind, second edition: How relationships and the brain interact to shape who we are*. New York, NY: The Guildford Press.

Spencer, R., Walsh, J., Liang, B., Mousseau, A. M. D., & Lund, T. J. (2018). Having it all? A qualitative examination of affluent adolescent girls' perceptions of stress and their quests for success. *Journal of Adolescent Research, 33*, 3–33.

Vansteenkiste, M., Williams, G. C., & Resnicow, K. (2012). Toward systematic integration between self-determination theory and motivational interviewing as examples of top-down and bottom-up intervention development: Autonomy or volition as a fundamental theoretical principle. *International Journal of Behavioral Nutrition, and Physical Activity, 9*, 23.

Velting, O. N., Setzer, N. J., & Albano, A. M. (2004). Update on and advances in assessment and cognitive behavioral treatment of anxiety disorders in children and adolescents. *Professional Psychology Research and Practice, 35*, 42–54.

Waters, T. E., & Fivush, R. (2015). Relations between narrative coherence, identity, and psychological well-being in emerging adulthood. *Journal of Personality, 83*, 441–451.

Weil, L. G., Fleming, S. M., Dumontheil, I., Kilford, E., Weil, R. S., Rees, G., . . .Blakemore, S. (2013). The development of metacognitive ability in adolescence. *Consciousness & Conscience, 22*, 264–271.

Whiston, S. C., Tai, W. L., Rahardja, D., & Eder, K. (2011). School counseling outcome: A metaanalytic examination of interventions. *Journal of Counseling & Development, 89*(1), 37–55.

White, M., & Epston, D. (1990). *Narrative means to therapeutic ends.* New York, NY: W. W. Norton & Company, Inc.

Williams, A. L., & Merten, M. J. (2011). iFamily: Internet and social media technology in the family context. *Family & Consumer Sciences Research Journal, 40*, 150–170.

第 4 章

咨询中的误解与假设

引言

有一些误解和假设会降低儿童和青少年咨询的有效性。正在接受培训的新手咨询师最终需要忘记进入专业培训项目之前所持有的假设，无论这种假设是有意的还是无意的。本章旨在回顾不同水平的咨询师的一些常见的误解和假设。

要素 48　不要假设改变很简单

就其本身而言，改变并不简单（Prochaska，1999；Prochaska & Diclemente，1986）。除了改变所需的艰苦工作外，还有许多变量会影响个体改变的能力，这便使改变成了一项复杂且有挑战性的尝试（Arkowitz & Miller，2008；Hayes & Brunst，2017；Kazdin & McWhinney，2018；Prochaska，1999）。影响改变的变量包括但不限于：

- 环境
- 文化
- 家庭
- 为改变所做的准备
- 认知能力
- 洞察力
- 支持
- 治疗联盟
- 需求

明智的做法是认可来访者的努力，感受并共情来访者在改变过程中遇到的挑战，鼓励他们做出对于改变和成长来说必不可少的持续努力。

时刻准备好改变尤为重要。一些来访者可能没有准备好或不愿意改变。例如，在普罗查斯卡和狄克莱门特（Prochaska & DiClemente，1992）提出的解决问题行为的阶段变化模型中，来访者缺乏对改变的准备，可能是因为（1）他们没有意识到问题的存在；（2）他们最近才意识到问题，但还没有考虑具体的解决方案；（3）他们正处于积极寻求改变的最早阶段。动机式访谈的出现是为了应对来访者对改变的阻抗，以及来访者为改变做出准备的相关挑战（Arkowitz & Miller，2008）。有关动机式访谈的更多信息，请参考《动机式访谈在心理问题治疗中的应用》（*Motivational interviewing in the treatment of psychological problems*；Arkowitz & Miller，2008）。另外，戴维·罗森格伦的《动机式访谈手册》（第 2 版）（*Building motivational interviewing skills: A practitioner workbook*，second edition；David Rosengren，2017）也可能引起大家的兴趣。

要素 49　学业发展水平不等同于情感发展水平

我们很熟悉"不要以貌取人"这句格言。因此我们必须小心，不要仅根据儿童或来访者的人口统计学信息做出过快的判断。年龄、学业成就、智力和身体成熟度并不是情感发展的可靠指标。因此，一定要探索和确定你的来访者的情绪发展水平，以及以下方面的能力：

- 情绪词汇
- 情绪表达
- 情绪调节和应对

还要记住，这些能力受到许多变量的影响，例如压力水平和严重程度，问题出现的频率、强度和持续时间。当面临急性压力源或变化时，平时能在发展水平上正常发挥功能的儿童和青少年可能需要额外的支持和干预（Frankel，Gallerani，& Garber，2012；Kazdin & McWhinney，2018）。

要素 50　同意不等同于共情

一些新手咨询师可能会把共情理解为同意或同情（Meier & Davis，2011）。共情指的是对来访者的主观世界的深刻理解（见 Egan，2014）。同意意味着咨询师认可来访者的行为，而同情则意味着咨询师为来访者感到遗憾。虽然支持我们的来访者很重要，但仅仅同意他们的观点或者说他们想听的话，并不是对来访者最好的做法。

正如迈耶和戴维斯（Meier & Davis，2011，p.29）指出的，"朋友和家人提供同意和同情。咨询师提供共情来帮助来访者探索他们的问题，并且意识到他们的感受和想法。通过这种方式，来访者开始了解他们需要做什么来改变"。

要素 51 避免道德评判

在许多新手咨询师中，评判他人是一个非常难以改变的倾向（Meier & Davis，2011；Smaby & Maddux，2011）。评判他人通常涉及道德或个人主观的评估。

来访者：所以我在期末考试不及格后又开始吸大麻。

咨询师：你真的让自己和你的父母失望了，不是吗？

咨询师必须从心理学理论和实践的角度来评估来访者，而不是对行为和决定进行价值判断。相关的评估可能包括以下问题：行为和决策的起源、家庭历史背景、教育经历、心理病理、智力、身体健康状况和具体情境的影响（Meier & Davis，2011；Smaby & Maddux，2011）。

来访者：所以我在期末考试不及格后又开始吸大麻。我经常坐在家里，只是不断地变得更加抑郁和愤怒。

咨询师：听起来好像你感到非常失望，然后又开始吸了。

在上述例子中，咨询师提出了来访者行为的心理原因，这个原因既是来访者可以施以影响的，也是可以承担相应责任的。这样的反馈不带有对个人的谴责。

心理咨询并不是告诉来访者他是对的或错的，这反而可能是伤害而不是帮助。觉察你的价值观，不要将你个人的价值观强加在来访者身上。再次说明，心理咨询的目标是寻找来访者的思想、感受和行为的心理来源，而不是批评或判断。帮助来访者理解和承认心理状态的原因会让来访者成长。

要素 52　说自己懂了不代表真的懂了

正如本书其他地方提到的，咨询师必须核实来访者是否真的理解。当你的来访者表示他们理解时，必须要求他们扩展、详细说明和解释，以便你能确定他们已经理解了。

尤其是儿童和青少年，他们可能不愿意承认在与你谈话的过程中，他们对某个概念或话题有疑虑。在笔者（劳拉·安德森）执业的最初几个月里，在联合治疗中家长向孩子转述咨询师说的话并不罕见。这是一个很好的提示：即使你认为自己使用的是对儿童和青少年友好的语言，你仍需要使用同义词，不时地检查儿童和青少年是否理解，并鼓励他们将在咨询期间讨论的任何不清楚的东西说出来。

要素 53　不要假设自己知道（感受、想法和行为）

正如你必须核查来访者的理解一样，你也必须和来访者核实，以确保你对来访者的理解是准确的。基本的沟通技巧可以防止误解。当你向来访者反馈你认为你所听到的内容时，给他们机会确认或否认以验证你所得出的结论。来访者往往会在你理解不正确的时候让你知道（MacCluskie，2010；Meier & Davis，2011；Smaby & Maddux，2011）。此外，问"我说得对吗？"（甚至对儿童和青少年偶尔问一句"你确定吗？"）可以让来访者知道，给你纠正性反馈是安全的。

要素 54 不要假设你知道来访者对他们的感受、想法和行为的反应

不同的来访者对生活中的事件，甚至对自己的感受的感知和反应方式各不相同（MacCluskie，2010；Meier & Davis，2011；Smaby & Maddux，2011）。例如，一个青少年意识到焦虑时可能会开始恐慌，担心这是精神疾病的初始迹象；另一个人则可能接受压力和焦虑，认为这是对她的时间和高阶课程要求越来越高的标志。要小心，不要假设你对某一事件或感觉的反应与来访者的反应相同（Meier & Davis，2011；Smaby & Maddux，2011）。观察来访者对其心理状态的反应，并在你不确定时温和地寻求澄清。

要素 55 不要假设所有干预措施对所有来访者都是安全或合适的

个性化干预很重要，因为"一刀切"并不适合所有人。每个人都有自己的偏好，每个来访者可能重视不一样的方法。实施与来访者不匹配的干预措施很可能是无效的，甚至适得其反。第 5 章简要介绍了循证治疗和当代心理治疗的干预措施，也可以使用相应的网络资源，为来访者匹配干预措施。

当然，确定所建议的干预措施的环境安全性也是至关重要的。例如，建议青少年来访者向父母表达自己，对某一个来访者来说可能是非常赋能和健康的。而对另一个来访者来说，如果她的父母情绪不稳定或有潜在的攻击性，这实际上可能是危险的。请务

必与你的来访者共同思考可能的结果。

总的来说,儿童和青少年在认知风格、自我概念和整体世界观方面仍在发展(Erk,2008;Krueger & Glass,2013;Vernon,2009)。关键是要根据新出现的能力和相关环境来调整干预措施。(Krueger & Glass,2013;Weisz & Kazdin,2017)。

要素 56 积极思维和理性思维不一样

"一些新手咨询师会错误地将埃利斯(Ellis)的理性和非理性思维等同于积极和消极思维(Meier & Davis,2011,p. 30)。"积极和消极思维一般是指对运气好坏的思维,或对能力或成功的可能性进行积极或消极的评估(Noble,Heath,& Toste,2011)。然而,非理性思维是一种没有客观数据支持的、会导致痛苦的情绪状态的信念(Ellis,1962,1973)。例如,一个孩子可能会说:"我不可能通过那场数学考试。"咨询师或许知道这个孩子在数学方面有中等或中上的学习能力。然而,在这种情况下,孩子的非理性和消极思维会造成忧虑,甚至可能影响数学成绩。显然,它正在影响或反映他目前的情绪状态。

值得注意的是,尽管非理性思维可能导致消极的感觉状态,但非理性并非意味着"消极"思维。事实上,一个人可以消极地思考,但仍然是理性的,反之亦然。例如,另一个男孩可能会报告说,他永远无法通过即将到来的数学考试。作为一名咨询师,你知道他在数学方面存在大量且由来已久的学业问题。你可能已经咨询过他的老师,老师反馈说他没有完成作业,在课堂上也很难进步。这种情况下，孩子可能是完全理性的，他对即将到来的数学考试做出了准确的预测。

有趣的是，诺布尔等人（Noble et al., 2011）发现，积极的幻想，或对自我能力系统且夸大的认知，可能与青少年抑郁减少有关。在一项针对 71 名在校青少年的研究中，研究人员发现，数学中的积极幻想（高估数学成绩的倾向）与抑郁症状呈负相关。作者提出，积极的幻想不一定是心理健康状况不佳的标志。相反，它们可能有助于帮助那些在特定领域中痛苦挣扎的人活得更健康和快乐。

如此看来，在与儿童和青少年一起工作时，需要分辨理性的、非理性的、积极的和消极的思维。心理咨询的目标是帮助来访者挑战给他们带来负面结果的错误思维、扭曲或错误的解释（Ellis，1973；Meier & Davis，2011），并帮助他们在有效了解自身现有能力、技能和背景的基础上，在学习、人际交往和其他方面做出努力（Noble et al., 2011）。

总结与问题讨论

作为一名新手咨询师，或希望提高技能的咨询师，注意到这些常见的误解非常重要。当你评估来访者的进展，或正在努力帮助来访者取得进展时，请在转向新的策略或方法之前回顾一下这些误解。请关注和反思以下几点。

- 你对变化有什么感受？你是否有时会陷入"变化很简单"的误区？你能否回想你曾为了改变而努力的事来帮助你共

情（例如，试图戒烟，改变饮食，增加学习时间，锻炼身体）？

- 回顾一下你的经历，想想你曾观察到的一位聪明、认知能力强的朋友、同事或来访者竭力应对情感挑战的经历。或许你也曾挣扎于艰难的情感问题，但在外人看来这像一个容易解决的问题。请就这些差异进行反思和分享。
- 你如何确保儿童或青少年不会将你在共情上的努力视为同意？例如，如果一个孩子说："我妈妈太刻薄了。"你该如何回应以表明你听到并产生了共情，但不一定同意。
- 分享一次你在与儿童或青少年一起工作时感受到产生道德评判的经历。你是怎么处理的？
- 假设是如何阻碍咨询进程的？
- 讨论你所观察到的儿童或青少年与治疗计划之间的不匹配。你是否观察到一个咨询师拘泥于一种方法，以至于他没能达到预期的结果？讨论这一问题，以及咨询师该如何处理这个问题。
- 讨论理性的、非理性的、积极的和消极的思维，每种都举个例子。思考咨询师对（1）非理性和积极思维；（2）非理性和消极思维；（3）理性和积极思维；以及（4）理性和消极思维的有效回应。一定要从儿童或青少年的积极情感结果的角度来处理这个问题。

参考文献

Arkowitz, H., & Miller, W. R. (2008). Learning, applying, and extending motivational interviewing. In H. Arkowitz, H. A. Westra, W. R. Miller, & S. Rollnick (Eds.), *Motivational interviewing in the treatment of psychological problems* (p. 1–25). New York, NY: Guildford Press.

Egan, G. (2014). *The skilled helper: A problem-management and opportunity-development approach to helping* (10th ed.). Belmont, CA: Brooks/Cole.

Ellis, A. (1962). *Reason and emotion in psychotherapy.* New York, NY: Lyle Stewart.

Ellis, A. (1973). *Humanistic psychotherapy: The rational emotive approach.* New York, NY: Julian Press

Erk, R. R. (2008). *Counseling treatment for children and adolescents with DSM-IV- TR disorders, second edition.* Columbus, OH: Pearson, Merrill, Prentice Hall.

Frankel, S. A., Gallerani, C. M., & Garber, J. (2012). Developmental considerations across childhood. In E. Szightey, J. Weisz, & R. Findling (Eds.), *Cognitive-behavior therapy for children and adolescents* (pp. 29–74). Arlington, TX: American Psychiatric Publishing.

Hayes, J., & Brunst, C. (2017). What leads to change? II. Therapeutic techniques and practices with children and young people. In N. Midgley, J. Hayes, & M. Cooper (Eds.), *Essential research findings in child and adolescent counseling and psychotherapy* (pp. 148–173). London, UK: Sage.

Kazdin, A. E., & McWhinney, E. (2018). Therapeutic alliance, perceived treatment barriers, and therapeutic change in the treatment of children with conduct problems. *Journal of Child and Family Studies, 27*(1), 240–252.

Krueger, S. J., & Glass, C. R. (2013). Integrative psychotherapy for children and adolescents: A practice-oriented literature review. *Journal of Psychotherapy Integration, 23*, 331–344.

MacCluskie, K. (2010). *Acquiring counseling skills: Integrating theory, multiculturalism, and self-awareness:* Upper Saddle River, NJ: Merrill.

Meier, S. T., & Davis, S. R. (2011). *The elements of counseling* (7th ed.). Belmont, CA: Cengage Learning.

Noble, R. N., Heath, N. L., & Toste, J. R. (2011). Positive illusions in adolescents: The relationship between academic self-enhancement and depressive symptomatology. *Child Psychiatry and Human Development, 42*, 650–665.

Prochaska, J. O. (1999). How do people change, and how can we change to help many more people? In M. A. Hubble, B. L. Duncan, & S. D. Miller (Eds.), *The heart and soul of change: What works in therapy* (pp. 227–255). Washington, DC: American Psychological Association.

Prochaska, J. O., & Diclemente C. C. (1986). Toward a comprehensive model of change. In W. Miller & N. Heather (Eds.), *Treating addictive behaviors: Processes of change* (pp. 3–27). New York, NY: Plenum Publishing.

Prochaska, J. L., & DiClemente, C. C. (1992). Stages of change in the modification of problem behavior. In M. Hersen, R. Eisler, and P. M. Miller (Eds.), *Progress in behavior modification* (p. 28). Sycamore, IL: Sycamore Publishing.

Rosengren, D. (2017). *Building motivational interviewing skills, second edition: A practitioner workbook.* New York, NY: Guilford Publications.

Smaby, M. H., & Maddux, C. D. (2011). *Basic and advanced counseling skills: The skilled counselor training model.* Belmont, CA: Brooks/Cole, Cengage Learning.

Vernon, A. (2009). *Counseling children & adolescents* (4th ed). Denver, CO: Love Publishing.

Weisz, J. R., & Kazdin, A. E. (2017). *Evidence-based psychotherapies for children & adolescents, third edition.* New York, NY: Guilford Press.

第5章

对循证实践和当代干预的
简要介绍

引言

现在你已经与孩子和照料者建立了关系，接下来你该如何继续呢？美国心理学会将循证实践（Evidence-Based Practice，EBP）定义为"在患者人格特点、文化和偏好的背景下，将现有的最佳研究与临床专业知识相结合（APA，2006，p.273）"。本书对你所需要的临床专业知识进行了全面的介绍，并且在你的研究生培训、实践和督导等相关经历中也已经有详尽的介绍。本章将重点介绍一些当代儿童和青少年咨询方法。但是，有一些关于儿童和青少年的实证支持治疗（Empirically Supported Treatments，ESTs）的特定问题非常值得关注。魏斯和卡兹丁（Weisz & Kazdin，2017）在他们最新版的书中也对儿童和青少年的循证心理疗法做出了出色的概述。

要素 57　熟悉对儿童和青少年进行实证支持治疗的局限性

目前已有的能够帮助你在自己的儿童临床工作中游刃有余地践行实证研究的资源是不足的（Lyonet al., 2014）。尽管如此，重要的是你要熟悉对儿童和青少年使用实证支持治疗时固有的局限性。例如，在实证研究中，很少有手册是特地为儿童开发的（Schmidt & Schimmelmann，2013）。也就是说，许多实证支持治疗实际上是最初为成人设计的干预措施的延伸（Frankel et al.，2012）。此外，大多数实证支持治疗是在严格控制的治疗环境中对有亚临床精神病理学功能障碍的青少年进行测试的，并不能代表现实世界的临床实践（Weisz et al.，2005；Weisz et al.，2013；Weisz，2014）。最后，实证支持治疗受到了一些批评：操作过于严格，不允许专业人员在常规工作中做个性化尝试（Weisz et al.，2013；Weisz & Kazdin，2017）。

在本书的其他章节中也提到过，另一个需要被考虑的固有问题是：在与儿童和青少年工作时，所用的治疗方式是否适宜儿童的发展阶段和环境。儿童和青少年在认知风格、自我概念和整体世界观方面仍处在发展中（Krueger & Glass，2013）。关键是要根据他们新出现的能力和相关环境调整干预措施（Krueger & Glass，2013；Weisz & Kazdin，2017）。

要素 58　循证服务数据库临床决策支持

对于那些真正希望接近美国心理学会（APA，2006）所提倡的循证实践的人，有一个公共数据库汇编了青少年心理治疗的效果研究。循证服务数据库（PracticeWise Evidence-Based Services，PWEBS，2018）允许用户输入感兴趣的来访者人口统计学和临床数据（例如，诊断、年龄、性别、种族）以及所期望的证据强度（例如，从 1 到 5，1 表示最高或最强的经验支持）。然后，该数据库将生成一份与儿童特征相匹配的汇总研究结果报告（即关于成功治疗的研究报告），包括构成这些治疗的实践元素的排序频率计数（Lyon et al., 2014；PracticeWise, 2018）。临床医生在现实环境中实施和跟踪循证治疗的有效性方面得到了支持。

要素 59 儿童和青少年的当代心理治疗干预

虽然本节不会专门强调循证方法，但以下部分中回顾的所有方法都至少获得了一定程度的证据支持（Vernon, 2009；Thompson & Henderson, 2011；Weisz & Kazdin, 2017），并且常见于研究生水平的儿童心理咨询教材。重要的是，在选择特定类型的治疗方法时，必须始终考虑先前提到的关于适宜儿童发展阶段的概念。例如，对于年龄较大的儿童和青少年来说，基于正念或高度认知的方法会更容易理解和有效。所有的干预措施最终都需要根据来访者的需求量身定制。

A. 短程焦点解决疗法

短程咨询和焦点解决疗法（brief, solution-focused therapies）仍然非常受欢迎（Dewan et al., 2017）。虽然可以肯定保险公司的报销范围影响了这一趋势，但这不是唯一的因素。自 20 世纪 50 年代以来，从卡尔·罗杰斯以人为本的咨询开始，人们开始与长程精神分析疗法背离，随后出现了许多旨在帮助人们以更有效的方式实现目标的新疗法（Thompson & Henderson, 2007）。如果你对以人为本的咨询（传统上是针对成年人实施的）感兴趣，请参阅迈耶和戴维斯的《心理咨询的要素》(*The Elements of Counseling*;

Meier & Davis)。

利特尔（Littrell，1998）定义了短程咨询的8个特征：（1）时间有限；（2）专注于解决方案；（3）基于行动；（4）包含社会互动；（5）细节导向；（6）幽默性构建；（7）注重发展；（8）基于关系（Littrell，1998；Littrell & Zinck，2004）。这些特征整合到一起使短程咨询成为一种独特的疗法，能帮助儿童、青少年和家庭来访者实现他们的目标（Littrell & Zinck，2004；Dewan et al.，2017）。

短程咨询时间有限的性质不言自明，特别适合在学校环境中为儿童服务的从业者，他们可能每次只有10分钟的时间与儿童一起工作（Littrell & Zinck，2004）。在短程咨询中，寻求解决方案是核心原则，也是早期持续关注的焦点。在寻求解决方案时，需着重考虑以下几点：来访者的能力、他们问题状态的例外情况（例如：什么时候这对你来说不是问题？）以及确定非常具体、特定的目标。此外，目标与具体的行为有关，因为大多数短程咨询师认为，语言不等同于行动（Littrell & Zinck，2004；Dewan et al.，2017）。

短程咨询具有很强的社交互动性。短程咨询师关注心理治疗的人际方面和社会支持关系中相互强化、相互支持的方面（Littrell & Zinck，2004；Thompson & Henderson，2007；Dewan et al.，2017）。短程咨询师也可以帮助来访者动员其他支持者促进改变的进程。特别是在与青少年工作时，这可能是一个特别有力的工具。青少年可能需要被赋能，例如在他们的环境中接触到支持或培养他们的成年人。短程咨询师还会详细探讨在来访者的生活中已经起作用的、过去曾起作用的，以及调整当前行为和情境的具体方法以达到目标。

利特尔和辛克（Littrell & Zinck，2004）提出的短程咨询的最后3个方面包括幽默性构建、注重发展和基于关系的工作性质。这几个方面都非常贴合年龄较大的儿童和青少年的需求，尤其是当目标、活动和结果能与儿童的发展、认知和社交情感需求相匹配的时候。美国精神病学出版物（American Psychiatric Publications）有一篇关于短程心理疗法的艺术和科学的优秀综述，包括视频和教学资源（见Dewan et al.，2017）。

B. 认知行为疗法

本章最后讨论了贯穿与合成实证支持治疗的整合性治疗方法。整合性方法通常包括将两种或两种以上的标准方法结合成一种治疗方式。认知行为疗法（cognitive behavior therapy，CBT）就是这样一种整合性方法，一般来说，现有的经验证据表明，对于大多数情绪和青少年行为障碍，认知和行为导向疗法的效果最佳（March，2009；Weisz & Kazdin，2017）。

认知行为疗法侧重于认知、情感和行为之间的三角关系和两两相互关系（Thompson & Henderson，2011）。认知行为模型通常包括4个层次的治疗：（1）行为程序，包括后效强化、塑造、激励和重建，以实现临床目标；（2）认知行为疗法干预，包括将成功完成任务与积极的自我陈述相结合，并强化这些自我陈述；（3）认知干预，通常与社交技能训练、角色扮演和自我管理一起使用；（4）自我控制程序：如自我评价和自我强化（Thompson & Henderson，2011）。认知行为方法已成功应用于攻击、焦虑、抑郁、注意缺陷/多动障碍、肥胖、酗酒儿童和专门的游戏治疗（Thompson & Henderson，2011）。近年来，线上认知行为治疗呈上升趋势。关于以儿童和青少年为导向的、线上认知行为疗法的元分析总结，请参见维格兰等人（Vigerland et al.，2016）的文章。

C. 聚焦创伤的认知行为疗法

聚焦创伤的认知行为疗法（trauma-focused cognitive behavior therapy，TF-CBT）是认知行为疗法的一种特别形式，本书的读者可能会对此特别感兴趣。聚焦创伤的认知行为疗法是一种针对创伤儿童的循证治疗方法。聚焦创伤的认知行为疗法已经在一些随机对照试验中进行了评估，用于报告经历性虐待、家庭暴力、创伤性哀伤、恐怖主义、灾难和多重创伤史的儿童（Cohen & Mannarino，2008；Lewey et al.，2018）。科恩和马纳里诺（Cohen & Mannarino，2008）描述的聚焦创伤的认知行为疗法模型是一种灵活的、基于组件的模型，为儿童和父母提供必要的技能，以应对和管理与创伤相关的症状。关于聚焦创伤的认知行为疗法的简要概述，请参见第6章。

D. 眼动脱敏与再加工

眼动脱敏与再加工（eye movement desensitization and reprocessing，EMDR）是弗朗辛·夏皮罗（Francine Shapiro）在1987年提出的，"一位心理学家注意到，她自己从心烦意乱的想法中自发地解脱出来，与无意、快速、双侧的眼球运动有关（Greenwald，1996， p.67）"。总结来说，眼动脱敏与再加工让来访者（患有创伤后应激障碍）集中注意力于创伤记忆中最痛苦的部分，同时快速地左右移动眼睛（Greenwald，1996；Shapiro，1995）。在每组眼球运动后，来访者简要地报告出现的图像、感受和想法。不断重复这个过程，直到与创伤记忆相关的负面影响逐渐习惯化。此外，临床医生在整个过程中鼓励认知重组，目标是将来访者的围绕创伤的痛苦和强烈的认知转化为更具功能性和适应性的认知。

关于眼动脱敏与再加工的有效性和潜在机制历来存在争议（Sikes & Sikes，2003）；然而，最近的一些综述总结了儿童和青少年眼动脱敏与再加工有效性的证据。如你对这方面的文献有兴趣，请参阅卢伊等人和莫雷诺-阿尔卡扎等人（Lewey et al., 2018；Moreno-Alcazar et al., 2017）的文章。任何有兴趣实践眼动脱敏与再加工的人都应该接受充分的培训和认证。

E. 辩证行为疗法

辩证行为疗法（dialectical behavior skills therapy，DBT）是由玛莎·莱恩汉（Marsha Linehan，1993）开发的，旨在针对与边缘型人格障碍（borderline personality disorder，BPD）相关的症状进行工作。辩证行为疗法以认知行为疗法为基础，融入禅修冥想和正念练习。与传统的认知行为疗法相比，辩证行为疗法侧重于（1）接受当下的行为和感受，（2）处理干预过程中的障碍，（3）强调治疗关系，（4）关注思维辩证法（Linehan，1993）。辩证行为疗法已经在成年人群（Pasieczny & Connor，2011）和青少年人群（James et al., 2011）中证明了治疗边缘型人格障碍症状的有效性。辩证行为疗法由4项技能组成：正念、情绪调节、痛苦耐受力和人际有效性。这些技能通常通过讨论问题、互动练习和布置家庭作业来教授。

事实上，越来越多的文献证明了辩证行为疗法对青少年的有效性。例如，伍德伯里和波普诺（Woodberry & Popenoe, 2008）发现，对有自杀企图、自伤、情绪困扰和父母关系不稳定史的青少年使用辩证行为疗法可以改善自杀意念、抑郁症状、愤怒情绪和父母关系。此外，在一项元分析中，辩证行为疗法成功地改善了心理健康症状（Baer, 2003）；而且，追踪研究显示这些改变得到了维持。最后，基于学校的辩证行为疗法模型正在进行检验，结果值得期待（Flynn et al., 2018）。

F. 行为疗法

当代行为咨询是一种以行为为导向的疗法。来访者和父母对他们的行为采取一些措施，而不是试图通过谈话治疗充分理解和处理这些行为（Thompson & Henderson, 2007, 2011）。来访者通过学习行为监控、练习新技能、完成家庭作业来帮助自己实现目标（Thompson & Henderson, 2007）。然而，在现有的文献中，很难将行为疗法（behavior therapy）与认知行为疗法区分开。

行为疗法最终是重新学习的过程。咨询师帮助来访者制订计划，加强积极行为，消除或控制适应不良或有害的行为。咨询师寻求通过强化原则和学习理论帮助来访者达到特定的目标。操作性条件反射、强化和惩罚的使用是许多行为疗法的关键点。尽管超出了本书的范围，但理解诸如正强化、负强化、惩罚和消退等概念很重要。

值得注意的是，行为疗法通常和其他类型的疗法结合使用，并且行为疗法不一定与以人为本的疗法或者短程疗法相互排斥。在我（劳拉·安德森）自己的实践中，我发现治疗最成功的孩子和家庭是那些我最初以高度人本的方式介入的——建立信任、真诚的尊重、融洽的关系等。然后，一旦建立了牢固的信任，来访者把你当作治疗师来与你接触，就更容易引入行为计划和（或）"个人行动计划"，通过连续逼近我们想要寻求改变的行为的系统强化，来帮助来访者改变他们的问题行为。

G. 游戏治疗

游戏治疗（play therapy）是一种对幼儿进行咨询的方式，咨询师使用玩耍、玩具和游戏作为主要沟通工具，从而允许孩子以非言语的方式表达他们的想法和感受（Landreth，2002；Kottman，2004）。使用游戏作为主要交流媒介的基本原理源于这样一种信念：与许多年龄较大的青少年和成年人不同，年幼的儿童缺乏抽象推理、自我意识和沟通技巧这些能力来帮助他们认识、交流和处理自己的感受。而玩偶、玩具、艺术、创造性活动和游戏可以帮助儿童标记、交流，并最终识别和处理可能令他们不安或困惑的感觉（Landreth，2002；Kottman，2004）。

大多数 12 岁以下的儿童都能从某种形式的游戏治疗中受益。当然，它必须根据孩子的具体发展和认知水平以及孩子的兴趣量身定制。虽然游戏治疗在文献中曾经受到一些争议和批评，但对游戏治疗的多种综合性研究已经为游戏治疗作为许多不同问题的疗法的有效性提供了支持（LeBlanc & Ritchie, 1999; Bratton & Ray, 2000; Ray et al., 2001; Jensen et al., 2017; Steen, 2017）。

此外，与行为疗法类似，重要的是我们不能将游戏治疗定义为它与其他疗法相互排斥。有理论家认为，通过游戏治疗以及与治疗师的关系，儿童能够更好地成长和改变。此外，青少年可以通过内化游戏治疗师无条件的积极关注而变得更加自我接纳和自立。因此，将游戏治疗与实证支持治疗（如认知行为治疗）相结合，可能有助于满足儿童的发展需求，并创造性地让他们参与心理健康相关的治疗（Myrick & Green, 2012; Jensen et al., 2017; Weisz & Kazdin, 2017）。例如，迈里克和格林（Myrick & Green, 2012）提出了一个将游戏治疗整合到强迫症循证治疗中的模型，有兴趣的读者可以查阅参考文献查看具体方法。

总之，游戏治疗，特别是对小年龄段的儿童来说，作为一种参与、补充和提高治疗效果的工具是有意义的。与任何其他疗法一样，它必须针对儿童特定的需求、兴趣和能力进行调整。

H. 家庭治疗

个体咨询和家庭咨询的主要区别在于，家庭咨询更关注家庭及其成员的互动。其干预方法会影响整个家庭系统的运作。家庭咨询和治疗"涵盖各种各样的安排：它可能是针对个体、丈夫和妻子、父母和孩子，或整个家庭的，包括所有住在家里的人（Thompson & Henderson, 2007, p.335）"。对家庭的定义保持文化敏感性，这一点很重要。

虽然对不同类型的家庭治疗（family therapy）的全面概述超

出了本书的范围（见 Thompson & Henderson，2011；Patterson et al.，2018），但我们希望传达，那些希望能真正帮助儿童的专业人士必须与家庭合作（Golden，2004）。"家庭可能支持或破坏治疗目标。仅建立咨询师和孩子的健康关系是不够的。为了更好地理解孩子的问题，咨询师必须把孩子放在家庭背景中来看待（Golden，2004，p.451）。"现在有一些与家庭工作的短程策略：包括短程家庭咨询，焦点解决家庭治疗和策略家庭治疗（Golden，2004）。与许多其他疗法一样，整合和折中的主题在家庭治疗文献中很常见。重要的是要了解孩子的原生家庭模式，并在适当的情况下寻求督导和培训，以便进行敏感而有效的家庭治疗，并且服务于孩子的最大利益（Golden，2004；Thompson & Henderson，2007，2011；Patterson et al.，2018）。

I. 基于正念的方法

正念被定义为观察、描述和参与周围环境的能力。拥有正念能力的个体能够对自己的感受、想法和行为采取不加评判的态度（Linehan，1993）。有大量文献支持正念在多种环境下和跨领域的应用。在简要概述这一领域之前，有必要重申一点，任何针对儿童和青少年的方法，都需要与他们的发展和个性化相匹配。

在儿童和青少年心理治疗中，基于正念的方法（mindfulness-based approaches）仍然相对较新，这方面的研究仍处于起步阶段。对于什么可能构成正念或基于正念的方法，没有一个公认的定义。例如，前文提到的辨证行为疗法在很大程度上包含正念，许多认知行为疗法也是如此。在大多数情况下，我们在这里引用的疗法包括基于正念的减压疗法、基于正念的认知疗法，以及接纳承诺疗法（acceptance and commitment therapy，ACT）。

如前所述，基于正念的方法旨在有意识地将个人的注意力集中在当下的体验上，不做评判。这些方法可以在个体或团体环境中提供，它们可以针对许多不同的转诊问题，包括焦虑、压力、抑郁和学校困难。

由于这方面的研究比较新，方法也可能有局限性，我们将引导你关注最近对儿童和青少年基于正念的方法的一些综述。建议你在实施基于正念的方法时保持谨慎和良好的判断力，最好将这项工作与其他循证认知行为疗法相结合。可参见卡拉佩雷等人和马克等人（Kallapiran et al., 2015；Mak et al., 2018）的文章。此外，克罗利及其同事（Crowley et al., 2018）最近发表了在团体环境中对青少年焦虑进行正念干预的结果。这可能对在学校的从业者特别有用。最后，伯克（Burke，2010）在该领域撰写了一篇开创性的评论。总的来说，基于正念的方法可以用于多种转诊问题和多种设置下的咨询工作，并已被描述为可行且可接受的。

J. 身心方法

美国儿科学会（The American Academy of Pediatrics）最近发表了一篇综述，报告了身心方法在儿童医学和心理健康诊断的治疗中的证据（Vohra & McClafferty，2016）。有文献支持的身心疗法（mind-body approaches）包括生物反馈、临床催眠、引导式想象和瑜伽。想要了解相关资源和证据总结，请参见沃赫拉和麦克拉弗蒂（Vohra & McClafferty，2016）的文章。越来越多证据表明，瑜伽在学校已经成为一种越来越受欢迎的选择（Serwacki & Cook-Cottone，2012；Cook-Cottone，2017），值得继续研究。一般来说，身心疗法应作为辅助疗法。参见《学校中的正念和瑜伽：教师和从业者指南》(*Mindfulness and Yoga in Schools: A guide for Teachers and Practitioners*；Cook-Cottone，2017）获取具体的方法。

K. 加强循证干预的创造性和创新性技术

在一本关于儿童和青少年心理咨询的书中评述了一些可以创造性地加强儿童和青少年治疗有效性的技术（Bradley，Gould & Hendricks，2004）。下面回顾一些创造性疗法。

艺术治疗（art therapy）技术对不同人群的工作特别有帮助，它可以超越文化界限。与游戏治疗类似，通过艺术进行创造性表达可以让孩子有一个安全的工具来表达困难的、有时无法言说的感受（Gladding，1995；Bradley et al.，2004）。艺术可以使用多种媒介来操作以帮助个人的状态变得放松和舒缓下来。在使用艺术技术时，咨询师应该允许来访者选择他们想使用的媒介——而不是限制孩子只使用绘画的方式。其他有效的媒介包括黏土、肥皂或多媒体（Bradley et al.，2004）。重要的是，咨询师看待儿童的艺术作品要像看待咨询中的其他需要保密的内容一样，尽可能地保护所有艺术作品的隐私性和保密性。

阅读疗法（bibliotherapy）是另一种多年来一直被纳入咨询的方法。它被用于建立融洽的关系、探索来访者的观点、促进洞察力，教育或引导来访者（Jackson，2000；Bradley et al.，

2004）。阅读疗法是一种旨在帮助个体解决问题、治愈创伤的过程（DeVries et al., 2017），并通过阅读更好地了解自己（Pardeck, 1995）。书籍可以被阅读、进行扩展、关联、创作或表演。还有一些专门用于治疗的书籍——由美国心理学会的想象力出版社出版。

在我（劳拉·安德森）自己的实践中，音乐治疗（music therapy）一直是一种特别受欢迎的方法。当儿童和青少年被允许分享他们的音乐兴趣和喜好时，他们就活跃起来了。音乐有助于缓解抑郁、焦虑、孤独和悲伤的感觉，它可以帮助澄清发展问题和身份认同（Bradley et al., 2004）。音乐可以促进治疗，并被认为对于儿童和青少年的咨询是一种有效的辅助手段（Newcomb, 1994；Bradley et al., 2004）。对于难以用语言表达自己的来访者来说，这是一种理想的方法（Newcomb, 1994）。

关于在儿童心理治疗中使用音乐的概述和具体建议，请参考布拉德利等人（Bradley et al., 2004）的文章。第2章中还回顾了若干其他创造性和创新性方法，包括引导式想象、木偶、角色扮演、讲故事、隐喻、治疗性写作和多元文化技巧（Bradley et al., 2004）。儿童和青少年通常会积极响应这些创造性治疗方法，应主动、果断地选择这些方法。不断有新的证据表明，可以将音乐治疗整合到其他循证疗法中（Porter et al., 2017）。

L. 多系统疗法

多系统疗法（multisystemic therapy，MST）被认为是儿童外化心理健康问题的革命性治疗方法（Borduin et al., 2009；Henggeler, 1999；Pane et al., 2013；Riedinger et al., 2017）。它

基于一种生态治疗模式，将每个儿童视为属于一个由多个系统互动影响行为的网络的一部分（Bronfenbrenner，1979；Pane et al.，2013）。多系统疗法中的系统包括儿童、家庭、同伴群体、学校、邻里、社区和更大的社会（Bronfenbrenner，1979）。

多系统疗法最初针对的是有反社会行为的青少年（Painter，2010），其目标是减少问题和犯罪行为，降低家庭外安置和监禁的比率（Curtis et al.，2004；Pane et al.，2013）。为了实现这些目标，多系统疗法治疗师必须促进家庭和支持性关系、养育技能、积极的青年发展和学校成功（Curtis et al.，2004；Pane et al.，2013）。多系统疗法根据儿童和家庭的需求以及周围的系统，结合实证支持、以问题为中心的治疗组件，最终得以实施（Pane et al.，2013；Riedinger et al.，2017）。目标是共同确定的，而且家庭积极参与治疗的所有阶段。传统上，多系统疗法的干预服务包括初始评估、与青少年和家庭的个体治疗、同伴干预、危机稳定和个案管理（Pane et al.，2013）。多系统疗法还通过在家庭、学校和社区环境中提供治疗，以及在家庭方便的时间安排会谈来积极解决咨询实施过程中的障碍（Curtis et al.，2004；Painter，2010；Pane et al.，2013）。

考虑到治疗强度，每个多系统疗法治疗师可接待的个案数很少，只有4~6个家庭（Pane et al.，2013）。治疗通常持续3~5个月，治疗师在必要时需提供全天候的支持，与每个家庭的直接接触的平均时长达到60小时（Pane et al.，2013）。

尽管这项工作强度大、费用高，但对多系统疗法的研究普遍发现了积极的效果（Henggeler，1999；Curtis et al.，2004；Borduin et al.，2009；Painter，2010；Pane et al.，2013）。因

此，人们对多系统疗法用于其他诊断和问题领域的兴趣也越来越大（Pane et al., 2013）。由于多系统疗法起源于布朗芬布伦纳（Bronfenbrenner）的生态系统理论和多成分方法，研究人员和临床医生可能非常感兴趣。大多数儿童心理健康问题都是由多种影响因素造成的，而经实证证明最有希望的多成分干预措施可能在现实世界中具有最广泛的普遍性和潜在的有效性。总的来说，如果社区资源可用，治疗师值得考虑的是，如何在实践或机构中采用多系统疗法。青少年对这种疗法的反应似乎比年幼的儿童更积极、更显著（Riedinger et al., 2017）。此外，最近的研究已经开始调查预测多系统疗法结果的因素，并且有充分的理由根据儿童和青少年的社会网络、家庭支持等对多系统疗法进行个性化调整（Mertens et al., 2017）。

要素 60　考虑整合性方法

当代有效的儿童和青少年心理疗法很少是单一成分的（Weisz & Kazdin, 2017）。即使是"黄金标准"的认知行为疗法，最初也是一种整合性方法。克鲁格和格拉斯（Krueger & Glass, 2013）最近发表了一篇以实践为导向的文献综述，它会使所有读者受益。其重点是心理治疗实践的整合范式。考虑到人类行为的复杂性和美国心理学会对循证实践的定义，整合性方法确实将成为未来的趋势。尽管在实施细节、促进依从性、剂量等方面还需要更多的研究，但对于儿童和青少年心理治疗师来说，这是一个令人振奋的时刻。正念、依恋理论、游戏治疗和认知行为疗法等元素可以结合在一起，形成真正有效的治疗方法，来帮助受到伤害的儿童和家庭（Krueger and Glass，2013）。重要的是，我们要继续在实证文献、临床督导和社区资源的使用中精益求精，这将有助于发展和完善我们的循证实践方法（Weisz & Kazdin，2017）。

总结和讨论问题

本章涉及循证实践、实证支持治疗问题，以及儿童和青少年心理治疗的当代干预措施。为了帮助你理解和应用本章的信息，请考虑以下问题。

- 在阅读本章之前，你是如何定义循证实践的？评价你的实践中的3个要素：临床专业知识、研究证据，以及来访者或环境因素。在这3个领域中，你会在哪个方面进行专业发展？
- 你能想到本书中未提到的其他实证支持治疗的局限或缺点吗？
- 你怎么看待循证服务数据库？你认为它应该是一个免费的数据库吗？
- 你最常用的当代治疗方法是什么？
- 你希望将哪些创造性方式或创新性治疗方法纳入实践？
- 根据你对本章的回顾，就你想学习的新技能、心理疗法或诊断为自己制定至少一二个专业发展目标。
- 你的社区是否有一个或多个多系统疗法机构？将了解你所在地区可能存在的多系统疗法服务作为目标。

参考文献

American Psychological Association (APA). (2006). Evidence-based practice in psychology. *American Psychologist,* 61, 271–285.

Baer, R. A. (2003). Mindfulness training as a clinical intervention: A conceptual and empirical review. *Clinical Psychology:* Science and Practice, 10(2), 125–143.

Borduin, C. M., Schaeffer, C. M., & Heiblum, N. (2009). A randomized clinical trial of multisystemic therapy with juvenile sexual offenders: Effects on youth social ecology and criminal activity. *Journal of Consulting & Clinical Psychology,* 77, 26–37.

Bradley, L. J., Gould, L. J., & Hendricks, C. B. (2004). Using innovative techniques for counseling children and adolescents. In A. Vernon (Ed.), *Counseling children and adolescents* (3rd ed., pp. 75–110). Denver, CO: Love Publishing.

Bratton, S., & Ray, D. (2000). What the research shows about play therapy. *International Journal of Play Therapy,* 9, 47–88.

Bronfenbrenner, U. (1979). *The ecology of human development.* Cambridge, MA: Harvard University Press.

Burke, C. A. (2010). Mindfulness-based approaches with children and adolescents: A preliminary review of current research in an emergent field. *Journal of Child and Family Studies,* 19(2), 133–144.

Cohen, J. A., & Mannarino, A. P. (2008). Trauma-focused cognitive behavioral therapy for children and parents. *Child and Adolescent*

Mental Health, 13, 158–162.

Cook-Cottone, C. P. (2017). *Mindfulness and yoga in schools: A guide for teachers and practitioners.* New York, NY: Springer.

Crowley, M. J., Nicholls, S. S., McCarthy, D., Greatorex, K., Wu, J., & Mayes, L. C. (2018). Innovations in practice: Group mindfulness for adolescent anxiety—Results of an open trial. *Child and Adolescent Mental Health, 23*(2), 130–133.

Curtis, N. M., Ronan, K. R., & Borduin, C. M. (2004). Multisystemic treatment: A meta-analysis of outcome studies. *Journal of Family Psychology, 18,* 411–419.

DeVries, D., Brennan, Z., Lankin, M., Morse, R., Rix, B., & Beck, T. (2017). Healing with books: A literature review of bibliotherapy used with children and youth who have experienced trauma. *Therapeutic Recreation Journal, 57,* 48–74.

Dewan, M. J., Steenbarger, B. N., & Greenberg, R. P. (Eds.). (2017). *The art and science of brief psychotherapies: A practitioner's guide.* Arlington, VA: American Psychiatric Publishing.

Flynn, D., Joyce, M., Weihrauch, M., & Corcoran, P. (2018). Innovations in practice: Dialectical behaviour therapy—Skills training for emotional problem solving for adolescents (DBT STEPS-A): Evaluation of a pilot implementation in Irish post-primary schools. *Child and Adolescent Mental Health.* Epub ahead of print 13 June.

Frankel, S. A., Gallerani, C. M., & Garber, J. (2012). Developmental considerations across childhood. In E. Szightey, J. Weisz, & R.

Findling (Eds.), *Cognitive-behavior therapy for children and adolescents* (pp. 29–74). Arlington, TX: American Psychiatric Publishing.

Gladding, S. (1995). Creativity in counseling. *Counseling and Human Development, 28,* 1–12.

Golden, L. (2004). Working with families. In A. Vernon (Ed.), *Counseling children and adolescents* (3rd ed., pp. 451–468). Denver, CO: Love Publishing.

Greenwald, R. (1996). The information gap in the EMDR controversy. *Professional Psychology:* Research and Practice, 27(1), 67–72.

Henggeler, S. W. (1999). Multisystemic therapy: An overview of clinical procedures, outcomes, and policy implication. *Child Psychology & Psychiatry Review, 4,* 4–9.

Jackson, T. (2000). *Still more activities that teach.* Salt Lake City, UT: Red Rock Publishing.

Linehan, M. M. (1993). *Cognitive-behavioral treatment of borderline personality disorder.* New York, NY: Guilford Press.

James, A. C., Winmill, L., Anderson, C., & Alfoadari, K. (2011). A preliminary study of an extension of a community dialectic behaviour therapy (DBT) programme to adolescents in the looked after care system. *Child and Adolescent Mental Health, 16*(1), 9–13.

Jensen, S. A., Biesen, J. N., & Graham, E. R. (2017). A meta-analytic review of pay therapy with emphasis on outcome measures. *Professional Psychology:* Research and Practice, 48(5), 390–400.

Kallapiran, K., Koo, S., Kirubakaran, R., & Hancock, K. (2015). Review: Effectiveness of mindfulness in improving mental health symptoms of children and adolescents: A meta analysis. *Child and Adolescent Mental Health, 20*(4), 182–194.

Kottman, T. (2004). Play therapy. In A. Vernon (Ed.), *Counseling children and adolescents* (3rd ed., pp. 111–136). Denver, CO: Love Publishing.

Krueger, S. J., & Glass, C. R. (2013). Integrative psychotherapy for children and adolescents: A practice-oriented literature review. *Journal of Psychotherapy Integration, 23*, 331–344.

Landreth, G. L. (2002). *Play therapy: The art of the relationship* (2nd ed.). New York, NY: Brunner-Routledge.

LeBlanc, M., & Ritchie, M. (1999). Predictors of play therapy outcomes. *International Journal of Play Therapy, 8*, 19–34.

Lewey, J. H., Smith, C. L., Burcham, B., Saunders, N. L., Elfallal, D., & O'Toole, S. K. (2018). Comparing the effectiveness of EMDR and TF-CBT for children and adolescents: A meta-analysis. *Journal of Child & Adolescent Trauma.* Epub ahead of print 11 June.

Linehan, M. M. (1993). *Cognitive-behavioral treatment of borderline personality disorder.* New York, NY: Guilford Press.

Littrell, J. M. (1998). *Brief counseling in action.* New York, NY: W. W. Norton.

Littrell, J. M., & Zinck, K. (2004). Brief counseling with children and adolescents: Interactive, culturally responsive, and action-based.

In A. Vernon (Ed.) *Counseling Children and Adolescents* (3rd ed., 137–162). Denver, CO: Love Publishing.

Lyon, A. R., Lau, A. S., McCauley, E., Vander Stoep, A., & Chorpita, B. F. (2014). A case for modular design: Implications for implementing evidence-based interventions with culturally diverse youth. *Professional Psychology: Research and Practice, 45*, 57–66.

Mak, C., Whittingham, K., Cunnington, R., & Boyd, R. N. (2018). Efficacy of mindfulness-based interventions for attention and executive function in children and adolescents—A systematic review. *Mindfulness, 9*(1), 59–78.

March, J. S. (2009). The future of psychotherapy for mentally ill children and adolescents. *Journal of Child Psychology and Psychiatry, 50*, 170–179.

Mertens, E. C. A., Dekovic, M., Asscher, J. J., & Manders, W. A. (2017). Heterogeneity in response during multisystemic therapy: Exploring subgroups and predictors. *Journal of Abnormal Child Psychology, 45*, 1285–1295.

Moreno-Alcazar, A., Treen, D., Valiente-Gomez, A., Sio-Eroles, A., Perez, V., Amann, B. L., & Radua, J. (2017). Efficacy of eye movement desensitization and reprocessing in children and adolescents with post-traumatic stress disorder: A meta-analysis of randomized controlled trials. *Frontiers in Psychology, 8*, 1750.

Myrick, A. C., & Green, E. J. (2012). Incorporating play therapy into evidence-based treatment with children affected by Obsessive

Compulsive Disorder. *International Journal of Play Therapy, 21,* 74–86.

Newcomb, N. S. (1994). Music: A powerful resource for the elementary school counselor. *Elementary School Guidance and Counseling, 29,* 150–155.

Painter, K. (2010). Multisystemic therapy as an alternative community-based treatment for youth with severe emotional disturbance: Empirical literature review. *Social Work in Mental Health, 8,* 190–208.

Pane, H. T., White, R. S., Nadorff, M. R., Grills-Taquechel, A., & Stanley, M. A. (2013). Multisystemic therapy for child non-externalizing psychological and health problems: A preliminary review. *Clinical Child and Family Psychology Review, 16,* 81–99.

Pardeck, J. (1995). Bibliotherapy: Using books to help children deal with problems. *Early Child Development and Care, 106,* 75–90.

Patterson, J., Williams, L., Edwards, T. M., Chamow, L., & Chauf-Grounds, C. (2018). *Essential skills in family therapy, third ed.: From the first interview to termination.* New York, NY: Guilford Press.

Pasieczny, N., & Connor, J. (2011). The effectiveness of dialectical behaviour therapy in routine public mental health settings: An Australian controlled trial. *Behaviour Research And Therapy, 49*(1), 4–10.

Porter, S., McConnell, T., McLaughlin, K., Lynn, F., Cardwell, C., Braiden, H., . . .Holmes, V. (2017). Music therapy for children and adolescents with behavioural and emotional problems: A randomised controlled trial. *Journal of Child Psychology & Psychiatry, 58*(5), 586–594.

PracticeWise. (2018). *Evidenced-based services database.* Satellite Beach, FL: Author.

Ray, D., Bratton, S., Rhine, T., & Jones, L. (2001). The effectiveness of play therapy: Responding to the critics. *International Journal of Play Therapy, 10*, 85–108.

Riedinger, V., Pinquart, M., & Teubert, D. (2017). Effects of systemic therapy on mental health of children and adolescents: A meta-analysis. *Journal of Clinical Child & Adolescent Psychology, 46*(6), 880–894.

Schmidt, S. S., & Schimmelmann, B. G. (2013). Evidence-based psychotherapy in children and adolescents: Advances, methodological and conceptual limitations, and perspectives. *European Child & Adolescent Psychiatry, 22*, 265–268.

Serwacki, M., & Cook-Cottone, C. (2012). Yoga in the schools: A systematic review of the literature. *International journal of yoga therapy, 22*(1), 101–110.

Shapiro, F. (1995). *Eye movement desensitization and reprocessing.* New York, NY: Guilford Press.

Sikes, C., & Sikes, V. (2003). EMDR: Why the controversy? *Traumatology, 9*(3), 169–182.

Steen, R. L. (2017). *Emerging research in play therapy, child counseling, and consultation.* Hershey, PA: IGI Global.

Thompson, C. L., & Henderson, D. A. (2007). *Counseling children* (7th ed.). Belmont, CA: Thomson Higher Education Brooks/Cole.

Thompson, C. L., & Henderson, D. A. (2011). *Counseling children* (8th ed.). Belmont, CA: Thomson Higher Education Brooks/Cole.

Vernon, A. (2009). *Counseling children & adolescents* (4th ed.). Denver, CO: Love Publishing.

Vigerland, S., Lenhard, F., Bonnert, M., Lalouni, M., Hedman, E., Ahlen, J., . . .Ljotsson, B. (2016). Internet-delivered cognitive behavior therapy for children and adolescents: A systematic review and meta-analysis. *Clinical Psychology Review, 50*, 1–10.

Vohra, S., & McClafferty, H. (2016). Mind-body therapies in children and youth, section on integrative medicine. *Pediatrics, 138*(3), e21061896.

Weisz, J. R. (2014). Building robust psychotherapies for children and adolescents. *Perspectives on psychological science, 9*, 81–84.

Weisz, J. R., Jensen-Doss, A. J., & Hawley, K. M. (2005). Youth psychotherapy outcome research: A review and critique of the evidence base. *Annual Review of Psychology, 56*, 337–363.

Weisz, J. R., & Kazdin, A. E. (2017). *Evidence-based psychotherapies for children & adolescents* (3rd ed.). New York, NY: Guilford Press.

Weisz, J. R., Kuppens, S., Eckshtain, D., Ugueto, A. M., Hawley, K. M., & Jensen-Doss, A. (2013). Performance of evidence-based youth psychotherapies compared with usual clinical care: A multilevel meta- analysis. *JAMA Psychiatry, 70*, 750–761.

Woodberry, K. A., & Popenoe, E. J. (2008). Implementing dialectical behavior therapy with adolescents and their families in a community outpatient clinic. *Cognitive and Behavioral Practice, 15*(3), 277–286.

第 6 章

危机干预、强制报告以及咨询相关问题

引言

儿童、青少年和家庭在面临危机时寻求我们的帮助是很常见的事情。尽管关于学校危机预防、干预和准备的文献越来越多，但是写给心理健康危机干预专业咨询师的文献相对较少。一项对专业咨询师的调查显示，大多数刚取得资格认证的咨询师报告，在他们的研究生课程中，危机干预的培训是很有限的（Morris & Minton，2012）。本章将讨论与危机干预有关的要素，包括强制报告，以及相关的创伤或哀伤处理。

要素 61　培养危机干预技能

虽然卡内尔（Kanel，2003）对儿童、青少年和家庭危机的定义在现在看来稍微有点过时了，我们仍然支持他给出的定义。根据卡内尔的定义，危机有三个特征：（1）某突发事件造成个人或家庭的心理、情感或行为功能的降低；（2）该突发事件的压倒性性质给个体或家庭造成了主观痛苦；（3）个体或家庭无法采用常规的问题解决或应对策略（Kanel，2003）。因此，在危机情况下，我们的帮助对象的功能要低于他们的正常水平（Sullivan, Harris, Collado, & Chen, 2006；Landolt et al., 2017）。危机通常需要即刻的干预，以帮助人们恢复正常的或自我平衡的心理社会或行为功能（Gentry & Westover Consultants, 1994；Wharff et al., 2017）。

尽管不是所有咨询师都在危机干预方面接受过正式的培训（Morris & Minton，2012），但大多数咨询师对和危机中的来访者工作的基本步骤有一些共识（Meier & Davis，2011）。当面对一个处在危机中的儿童或青少年来访者时，咨询师的行为和他在接待一个没有危机的新来访者时的做法是有所不同的。

在和儿童或青少年进行危机干预工作时，第一点也是最重要的一点，是自杀风险或致命性评估。致命性评估被用于确定风险程度或实施自杀企图的可能性。最近的一篇综述提供了对多种自杀风险评估工具的评述（Carter et al.，2018）。

在你继续阅读之前，谨记这里呈现的只是简短的概述。如果想更深入地了解自杀风险评估，你可以参考由美国精神病学会自杀行为工作小组发布的开创性文件——《实践指南》（*Practice Guidelines*；American Psychiatric Association，2010）。此外，我们在这里讨论的基本要素没有涉及危机干预和自杀风险评估在不同文化中的差异。欲了解更完整的讨论，可参见朱等人和沙利文等人（Chu et al.，2013；Sullivan et al.，2006）的文章。而且，新手咨询师应该熟悉和危机来访者工作的本土化程序，如果发现来访者有自杀的可能性，应始终咨询督导师的意见（Meier & Davis，2011）。

A. 自杀风险评估：具体性、致死性、可获得性、临近性、以前的尝试

讨论自杀想法和感受并不会向他人植入自杀的念头。只要来访者有任何考虑伤害自己的迹象，就应该给予直接和明确的关注

（Meier & Davi，2011）。根据美国精神病学会（APA，2010）的建议，自杀风险评估的组成部分有：（1）个人患精神疾病；（2）家族自杀史和个人自杀未遂史；（3）个人优势和弱点；（4）当前的心理社会环境。此外，评估危机的致命性或即将发生的自杀风险的关键要素包括具体性（specificity）、致死性（lethality）、可获得性（accessibility）和临近性（proximity），专业人员经常使用这四个关键要素的英文单词首字母组成缩写 SLAP 来帮助记忆这四个关键要素。对于青少年群体来说，成功实施自杀的最佳预测因子是过往的自杀尝试（Carter et al., 2018；Harrison, 2013；Thompson, Kuruwita, & Foster, 2009）。因此，我们建议儿童和青少年咨询师参考修改后的 SLAP-P［具体性、致死性、可获得性、临近性、过往尝试（previous attempts）］。

- **具体性**。具体、详细的自杀计划比模糊的想法更致命。

咨询师：你有没有想过怎么自杀？

来访者 A：我父亲的枪上了膛，它在我们家的柜子里。我父亲星期六上班的时候我会去拿他的钥匙，然后把枪带到树林里去。我不想把房子弄得一团糟。

来访者 B：我会去格兰德岛大桥，骑自行车到最高处，然后我会跳下去。

来访者 C：没怎么想过。可能是吃药。

在上述例子中，来访者 A 和来访者 B 都有具体的计划，这些计划会将他们置于至少中等风险之中。根据前面的信息，来访者 A 的风险最大，因为来访者 A 不仅指明了具体的方法，而且指明了时间和地点。他的计划是相当详细和深思熟虑的。相对而言，来访者 C 在具体性的评估上不会那么致命。

- **自杀方法的致死性**。来访者企图采用的自杀方法或工具有多致命？一旦行为开始，是否可以逆转？在前面的示例中，来访者 A 和 B 都提出了相当致命的计划。开枪、从高处跳下或者冲到行驶的车辆前面都是非常致命的。刀割、过量服药或者鲁莽驾驶（即，带着撞车的意图）等方法的致命性相对较低，因为来访者在计划开始后更容易改变主意和（或）寻求帮助。

- **可获得性**。来访者预期的自杀工具或方法是否容易获得或实现？工具是否在来访者能够获得的范围内，或者是他的所有物？来访者是否必须购买、借用或偷窃自杀用的工具？如果是这样，来访者这样做的难度有多大？这些问题应该被探讨和详细询问。显然，如果青少年有机会拿到上膛的枪支，则有高致命性的风险。然而，随着有关指导自杀方法的网站逐渐被人所知，一些高度致命的、获取更便捷的工具可能更易于被青少年接受。因此，获取尽可能多的信息至关重要。例如，如果一个青少年通过网络了解到了自杀袋，并已经购买了氦气罐和其他用品，这种情况的危险性等同于青少年的家里有一把上了膛的枪（Schön & Ketterer, 2007）。

- **与他人的临近性**。儿童或青少年是否常常独自一人？儿童的社交隔离程度是一个影响致命性的因素。如果孩子或青少年身边经常有大量的朋友和家人在场，他们更有可能监视孩子，干预、阻止计划和（或）没收自杀工具。当然，这种介入需要这些人进行开放和明确的沟通。
- **过往的自杀尝试**。预测自杀，就像预测咨询中的许多其他事件一样，是困难重重的（Meier & Davis，2011）。然而，过往的重要的自杀尝试，会将儿童或青少年的自杀风险程度提升到严重的水平。尤其是当该类尝试和 SLAP 中的其他维度密切相关时，说明儿童或青少年危机的致命性被提升到了严重的水平。

总之，如果你通过 SLAP-P 评估判断你的来访者有严重的自杀企图和（或）严重自残的风险，你就应从伦理和法律义务的角度来采取行动，以保护儿童或青少年的生命（Meier & Davis，2011）。如果来访者的生命受到威胁，你可能需要打破保密协议。此外，可能需要安排紧急咨询、紧急危机服务和（或）住院（自愿的或必要时强制的）（APA，2010；Meier & Davis，2011）。

迈耶和戴维斯指出，即使在自杀风险相对较低的情况下，危机干预人员也应富有指导性，并采取积极主动的态度进行干预。接下来我们将讨论其他危机干预策略。

B. 控制局面

当来访者有自杀倾向时，咨询师必须富有指导性并采取行动。很多时候，来访者会有明显的失控感或已经放弃尝试。咨询师可以创建一个流程来帮助来访者，这可以增加事态的可预测性和有序性（Meier & Davis，2011）。也就是说，让咨询师带领来访者是完全合适的。

如果来访者处于危机中,可能有必要更频繁地约见他。而且来访者需要感觉到来自作为咨询师的你的认可,以及与你的联结感。帮助来访建立健康的生活习惯和(重新)发现令他们愉悦的活动也很重要。

与来访者合作制订一个具体、明确和详细的安全计划也是至关重要的。安全计划的内容可以包括帮助来访者冷静下来的具体行为,因为这些可以成为支持性因素。咨询师应该鼓励来访者与他人建立联系,告诉来访者身边的人,他们是安全计划的一部分。通常情况下,青少年需要得到赋能和指导,让他去接触有爱心和可靠的成年人。孩子喜爱的教师、辅导员、教练或其他来自学校的人往往是理想的选择。孩子可能需要一些协助以接触这些人。如有必要,请帮助他,但一定要先获得与这些人联系的书面同意。此外,确保来访者知道若他有需要,是否可以在两次咨询之间联系你,或者他也可以求助于备用方案(例如,打电话给当地危机服务,值班治疗师或热线)。所有上述信息,包括安全计划、可提供支持的人员和保证一周 7 天、每天 24 小时能够联系上的"安全网",都应让来访者在你面前写下来,这样你就可以将其复制一份以备不时之需。

C. 聚焦于优势和强项

积极心理学和基于优势的实践并不是新事物,在危机时期更能彰显出它们的重要性(Greene, Lee, Trask, & Rheinscheld, 2005; Meier & Davis, 2011)。迈耶和戴维斯指出,即使来访者的优点并不明显,也值得向他们强调他们所具有的能力。注意来访者在多大程度上接受你的积极归因同样重要。来访者越感觉到被赋能，他们就越有可能开始接受他们的积极品质，增加乐观的预期，并最终重获对生活的控制权。

D. 调动社会资源和照料者的参与

儿童和青少年可能没有即时可获得的社会支持和网络。咨询师可以为他们赋能，帮助他们发声，使他们有可以依靠的朋友和家庭成员。和心理健康问题相关的病耻感，可能导致青少年并不考虑向现实中的他人求助。如果一个家庭倾向于否认负面情绪，孩子可能会在这些经历中感到孤立和（或）孤独。咨询师应评估儿童和青少年来访者的家庭成员和朋友的亲密程度和可获得帮助的程度。如前文所述，如果"安全网"中的学校人员知晓情况，他们往往愿意并且有能力提供协助。

来访者：我妈妈从来都不会注意到我的任何优点！我觉得在她眼里我永远做不好任何事。（注意：这个孩子有一定的直觉和准确的表达能力。尽管咨询师多次尝试让她的母亲参与进来，鼓励她表达赞扬和其他积极的反馈，但她的母亲一直在抵制，且拒绝接受自己的心理治疗。）

咨询师：你最亲近的人不能"看到"你，这真的很令人沮丧（即，支持性的认可）。你曾经说过你在美术课上和奶奶在一起的时候感觉很好。我很高兴你有这些经历。你有没有考虑过询问你的美术老师，是否可以偶尔和她一起吃午饭，或者待在她的房间里?

来访者：没门儿！她会认为我疯了！

咨询师：你可以只分享你想分享的。你可以先表达你有多喜欢她的课程以及你想多花一点时间和她在一起，这是很好的第一步。然后我们再讨论你是否想和她分享更多，以及如何分享。

来访者：嗯……的确，我注意到其他孩子在她房间里玩。也许我可以考虑一下。

咨询师：太好了！那奶奶呢？我们来谈谈你在上学期间如何能够花更多的时间和她在一起。

在上述例子中，这个青春期女孩从未考虑接触她生活中的成年人。她以为咨询师想让她自我表露所有关于自己的信息。有时孩子需要清晰的指导来帮助他们接近对他们来说具有支持性的成年人。他们需要学习以谨慎但开放的方式进行自我表露，并建立更有意义的关系。青少年尤其容易在社交关系中获得被赋能的感受。

在作者（劳拉·安德森）的实践中，100%的青少年都能够和值得信赖的成年人建立支持性、多样的社会-情感联系。当然，并非所有成年人都有能力接收到青少年的求助信号。这一点令人遗憾，也需谨记心头。作为咨询师，你可以帮助孩子为这种可能性做好心理准备，并为实施备用计划做好准备。除直系亲属外，大家庭的成员通常也很乐意和青少年共同努力以建立更深的联系。

在前面这个令人感伤的例子中，孩子的天赋之一（艺术工作）得到了鼓励和强化。值得一提的是，这个女孩现在一周中有3天会在放学后和她的美术老师待在一起，另外 2 天则和她的祖母一起喝"咖啡"（实际上是热巧克力）。

E. 知晓并使用社区和技术支持

利用现代技术，咨询师更容易建立一个包含社区支持、机构、辅助专业人员和其他儿童 / 青少年医疗保健服务提供者的资源列表。如果咨询师积极地向当地的精神病急救服务机构求助，将更有可能获得合作以及后续的跟进。例如，当地精神病院的社会工作者反馈，当咨询师在来访者或病人被转诊或治疗之前主动联系机构，他们总会感到"难得的如释重负"（劳拉·安德森，个人交流，2013 年 8 月 3 日）。

尽量和当地的其他专业人员增加交流，以便确定最有帮助或最有效的危机和紧急服务机构。一旦你了解到这些信息，请记住这些机构的联系方式，以便在需要与来访者及其家人分享时随时可获取。

最后，与初级保健医师的沟通是非常宝贵的。如果你所在的社区针对儿童和青少年的精神病医疗服务相对有限，那么来访者的儿科医生可能会成为给来访者开精神活性药物的主要处方医师。高级护士和执业护士也可为儿童和青少年提供精神病服务[①]。尽量做到对转介来访者的初级保健医师有所了解。值得一提的是，由于病耻感的减少，家庭更有可能与医疗保健服务提供者跟进并询

---

① 请注意，在中国只有正规医院的执业医师才有开具处方药的资格。——译者注

问关于未来的心理健康问题（Harrison，2013）。

哈里森（Harrison，2013）还提到了一些网站，这些网站为与有心理健康危机和（或）与自杀问题做斗争的儿童和青少年工作的服务者提供了一些有用的信息。

- 美国儿童与青少年精神医学学会（American Academy of Child and Adolescent Psychiatry）
- 美国自杀预防基金会（American Foundation for Suicide Prevention）
- 美国青少年自杀预防中心（National Center for the Prevention of Youth Suicide）
- 药物滥用和精神健康服务管理局（Substance Abuse and Mental Health Services Administration，SAMHSA）自杀评估五步评估和分类（Suicide Assessment Five-Step Evaluation and Triage，SAFE-T）
- 预防自杀资源中心（Suicide Prevention Resource Center）

要素62 了解和理解哀伤、丧失和创伤

危机中的人的痛苦往往与哀伤、丧失和（或）创伤联系在一起。虽然这超出了本书的范围，但咨询师了解儿童和青少年在这一领域的反应是至关重要的。由于发育和认知能力水平的差异，儿童理解和处理悲伤和创伤的方式不尽相同（Cohen & Mannarino，2004；Landolt et al.，2017）。不幸的是，儿童在成年之前经历创伤事件的情况并不少见。例如，国际研究表明大约25%的儿童经历

过性虐待、身体虐待或家庭暴力（Cohen & Mannarino，2008）。战争、自然灾害、机动车事故、暴力、恐怖事件和难民经历都可能导致创伤反应（Cook et al.，2005）。如果不进行治疗，和未处理的创伤或哀伤有关的并发症可以持续到成年（Cohen & Mannarino，2008；Cook et al.，2005）。

迈耶和戴维斯指出，评估来访者应对哀伤、丧失和创伤的状态非常重要。不过对于儿童来说，更重要的是关注背景特征，并且考虑在刻板印象的创伤反应之外的其他情况（Cook-Cottone，2004；Jones，2008）。事实上，研究文献中逐渐增加的一种共识是，大多数经历创伤事件的儿童不会发展出创伤后应激症状，除非创伤反复发生或受其他风险因素的影响（Jones，2008）。因此，应时刻关注孩子和家庭的需要、优势和资源。最新的关于儿童创伤反应的研究强调了创伤处理和治疗的系统、情景和生态模型（Cook-Cotton，2004；Ellis et al.，2012；Landolt et al.，2017）。

复杂创伤的幸存者更可能表现出失调和（或）有问题的症状（Cohen & Mannarino，2008；Cook et al.，2005；Gillies，Taylor，Gray，O'Brien，& D'Abreb，2012）。情绪、行为和认知失调的症状并不罕见（Landolt et al.，2017）。儿科人群中针对复杂创伤反应最著名和有效的治疗方法是聚焦创伤的认知行为疗法加上照料者的积极参与（Cohen & Mannarino，2008；Cook et al.，2005；Gillies et al.，2012）。有研究者对创伤和相关疾病的循证治疗进行了广泛的讨论（Landolt et al.，2017）。

科恩和马纳里诺（Cohen & Mannarino，2008）使用缩写

PRACTICE① 来呈现聚焦创伤的认知行为疗法的要点。正如其名，孩子和照料者需要在治疗之间练习技能。聚焦创伤的认知行为疗法模型的中心原则是逐级暴露（Cohen & Mannarino，2008；Gillies et al.，2012）。聚焦创伤的认知行为疗法将逐级暴露整合进创伤经历中，暴露的强度随着儿童和照料者的进步而增加。

"PRACTICE"代表心理教育与亲职技能（psychoeducation and parenting skills），放松技能（relaxation skills），情感调节技能（affective regulation skills），认知应对技能（cognitive coping skills），创伤叙事与创伤事件的认知加工（trauma narrative and cognitive processing of the traumatic event），创伤线索暴露（in vivo mastery of trauma reminders），亲子联合治疗（conjoint child-caregiver sessions），以及促进安全与未来发展（enhancing safety and future developmental trajectory）（Cohen & Mannarino，p. 159）。关于复杂创伤反应治疗的更深入的综述，参见科恩和马纳里诺（Cohen & Mannarino，2008）或兰多尔特等人（Landolt et al.，2017）的文章。

值得注意的是，创造性和艺术治疗已被作为一种辅助疗法加入聚焦创伤的认知行为疗法，来帮助处理和调节情绪（Cohen & Mannarino，2008；Jones，2008；Landoltet et al.，2017）。在我（劳拉·安德森）的实践中，曾经历过一次极为震撼的治疗。当我问到一些关于创伤经历的基本问题时，我的来访者——一个13岁

---

① 该英文单词的中文意思是"练习"。——译者注

的孩子，开始自发地写作来回应我的问题。这次治疗启发了我，接下来的 3 次治疗均在没有口头语言交流的情况下完成。我建议我们播放一些音乐。于是，伴随动人的古典音乐，我和孩子用铅笔来回写信，她有时也会画画。铅笔划过纸面的声音和音乐，加上我们之间的情感，在孩子和我身上都产生了强烈的共鸣。她觉得以书面形式分享自己的经历更有安全感，而且她更喜欢现场给我写信，而不是在家里写好了再带过来。只要孩子觉得足够安全，你就可以帮助他们创造性地构建个人叙事。这样做通常是非常具有疗愈性的。

要素 63　在强制报告中做到清晰表达

正如创伤和哀伤反应往往伴随危机干预一起出现，我们这些从事儿童和青少年工作的人，作为虐待和忽视儿童的强制报告者，有时也不得不向国家机构强制报告儿童受到的虐待和忽视。不幸的是，这种情况并不少见。在美国，任何以专业身份从事儿童工作的个人，如果有理由怀疑儿童受到虐待或忽视，都有法律义务联系儿童保护服务机构（Crowell & Levi，2012；Gateway，2012）。自美国国会于 1974 年颁布《儿童虐待预防和治疗法案》（Child Abuse Prevention and Treatment Act）以来，这已经成为儿童从业者职业生涯的一部分。尽管该系统旨在保护儿童的最大利益，但许多专业人士报告说：（1）使用该系统的服务很困难，（2）对于机构对报告的响应缺乏信心，以及（3）对强制报告将如何影响治疗联盟充满担忧（McTavish et al.，2017；Strozier et al.，2005）。

A. 了解州法律和术语

美国各州的法律法规概述了哪些事件必须报道、由谁报告、报告标准、哪些通信享有保密特权、报告者姓名的披露程度，以及是否可以披露报告者身份（Bean, Softas-Nall, & Mahoney, 2011；Gateway, 2012）。关于儿童虐待的确切定义，法律中可能存在灰色地带（Bean et al., 2011）。因此，如果你不完全了解你所在州的强制报告规则，寻求督导或建议是至关重要的（McTavish et al., 2017）。儿童福利信息网（The Child Welfare Information Gateway, 2012）上有大量免费和实用的文件，包括美国每个州的具体法规。

不同州的法律中，关于何时需强制报告疑似发生儿童虐待的标准的措辞也有所不同。例如，22个州的法规中使用了"相信（belief）"这个词的一些变体；剩下的28个州使用了"怀疑（suspicion）"这个词的一些变体（Gateway, 2012；Levi & Portwood, 2011）。正如利瓦伊（Levi）博士和波特伍德（Portwood）博士强调的那样，在"相信"和"怀疑"儿童虐待或忽视之间存在着概念和实操上的差异。相信意味着一定程度的确定性。然而，强制报告不需要也不应该要求一定要有明确的证据（Crowell & Levi, 2012；Levi & Loeben, 2004；Levi & Portwood, 2011）。

B. 考虑概率阈值

鉴于法律措辞的差异可能会影响对强制报告阈值的解释，因此也值得考虑增加一个"概率阈值"。根据利瓦伊（Levi）和波特伍德（Portwood）的研究，"合理的怀疑"被定义为发生虐待的概率少于25%（与更模糊的"怀疑"术语相比），儿童服务从业者报告可疑的身体虐待和性虐待的可能性是2或3倍。这并不是说25%就是神奇的阈值百分比，但是，指定一个数字阈值可以提高报告的有效性（Levi & Portwood, 2011）。在这个领域还需要更多的研究。如果你的州对强制报告的阈值措辞模糊，或许可以考虑将25%这个数值纳入参考。你可以在当地倡导这些变化和（或）进行初步研究。当然，这些未来的变化都需要伴随具体的教育干预（Levi & Portwood, 2011）。

C. 采用利瓦伊和波特伍德的框架

利瓦伊博士和波特伍德博士（Levi & Portwood, 2011）提出了一个框架，以帮助儿童服务从业者决定是否报告可能的虐待。在他们的明确许可下，我们在这里与你们分享这个框架。这个框架提供了一个决策树，其中包括感觉、环境和概率评估，可以用于帮助你回答"你有合理的怀疑吗？"这个问题（见图6.1）。

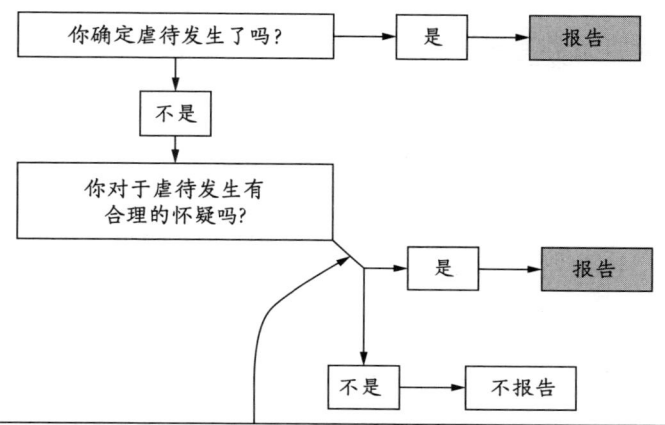

一些帮助你回答"你对于虐待发生有合理的怀疑吗？"的要点：

感觉
—— 你对于你的观察的合理性有足够的信心，基于：
· 你用于观察的时间
· 你对观察对象的熟悉程度
· 你收集的证据的性质
— 证据中没有模棱两可、含混不清的内容
— 你亲自获得该证据而非道听途说
—— 你对于你的判断有足够的信心，基于：
· 过去发生过类似的事件
· 你的判断能合理解释发生的事件

环境
—— 儿童易受到伤害
—— 你掌握着其他人缺乏的信息或对事情的洞见
—— 没有其他人报告此事

概率评估
—— 你认为该儿童很可能遭受了虐待
—— 你认为如果不进行报告，情况会变得更糟
—— 你认为该儿童未来可能会继续遭受虐待
—— 你认为进行报告的益处大于危害

图 6.1　是否对可能存在的虐待进行强制报告的决策树

来源：在作者的许可下重制（Levi & Portwood, 2011）。

D. 为反应做准备并适当寻求督导

咨询师，特别是新手咨询师，在面临将要打破保密规定向当局报告时，可能会感到强烈的怀疑、焦虑和（或）不确定性（Bean et al., 2011；McTavish et al., 2017）。来访者（尤其是与年长者发生恋爱关系的未成年人）可能会因为咨询师将这段不恰当的关系透露出去而感到被背叛。伤害、困惑、愤怒和被抛弃的感觉可能随之而来，咨询师必须做好准备（Bean et al., 2011）。此外，家庭成员和（或）照料者可能不接受被强制报告有虐待行为，或未成年子女与年长者之间存在不恰当的性关系。他们抑或否认该现象，抑或认为这是可接受的。他们可能会感到愤怒或认为咨询师越界，侵犯了他们作为照料者的角色（Bean et al., 2011）。之前的研究表明，当青少年对治疗师的强制报告感到愤怒或者感到被抛弃时，有27%的青少年和家庭放弃了治疗（Steinberg, Levine, & Doueck, 1997）。你可以在魏斯和卡兹丁的《儿童和青少年的循证心理治疗》(*Evidence-Based Psychotherapies for Children and Adolescents*；Weisz & Kazdin's, 2017）一书中读到可能出现的一些伦理问题和并发症，以及如何解决这些问题。

要素64 在联合精神药物治疗中充分合作

关于与精神健康专业处方人员合作的最佳做法和结果这方面

的文献是有限的。根据我们的经验,初级保健护士[①]和儿科医生会更多地参与处方精神活性药物相关的工作(Flachier & Gross, 2017),特别是对于医疗补助制度下的患者来说(Yang et al., 2018)。精神兴奋剂通常由全科医生开具(Sultan et al., 2018)。大多数精神卫生保健是分开护理模式,而非综合护理模式。在分开护理模式中,心理治疗和精神活性药物分别由两个不同的角色提供。而在综合护理模式中,则由同一个人来进行心理治疗和开具精神药物处方。后者目前在我们的环境中占少数。一些精神健康从业人员有这种特权,但是大多数处方(精神健康)从业人员受药物管理的约束,只能担任两个角色中的一个。

在分开护理模式下,临床医生可以有效地合作,以优化对儿童和青少年来访者的护理。与其他服务的提供者保持沟通是这种协作模式的关键。当然,你需要获得来访者和父母的许可。你要向来访者及其家长明确表示,你打算与开处方的临床医生合作,以最大限度地提高治疗效果。鉴于文献资料的有限性,与临床医生进行初步接触并确定双方最佳的沟通模式和频率非常重要(即,在获得来访者或其父母的许可后)。

要素 65 谨慎且负责地转介(物质滥用、进食障碍、注意缺陷/多动障碍评估,等等)

前文提出了将来访者转介给其他医疗服务人员或机构的问题。

[①] 再次提醒,在中国只有正规医院的执业医师才有开具处方药的资格;护士没有处方权。若需药物治疗,请务必咨询专业的精神科医生。——译者注

如果你有来访者或家庭已经停止治疗，你必须准备好转介给其他能够接手治疗的人（Bean et al.，2011；Meier & Davis，2011）。此外，就像第 1 章中提到的那样，就你自己的知识、实践范围和个人信念而言，成为一名负责任的临床医生是至关重要的。如果你不具备有效帮助他人的专业知识或有督导的支持，寻求咨询和转介资源是很重要的（Flachier & Gross，2017）。如果你在农村或资源匮乏的社区，你可能不确定能否转介或者确实无法转介，在这种情况下，一定要寻求督导——不管是面对面的还是线上的。

正如迈耶和戴维斯（Meier & Davis，2011，p.45）所说，"你不可能帮助每一个来访者"：你可能会面临超出你现有胜任力的问题；也许你的来访者搬到了一个新的地方；或者你可能只是与某些个人和家庭不那么匹配。你必须了解社区中的其他资源和（或）帮助来访者在新的居住地寻找能够提供服务的人（Weisz & Kazdin，2017）。互联网、现代技术，甚至医疗护理数据库都能使这一过程变得相对容易。当然，与即将离开的来访者处理恐惧和误解是至关重要的。此外，关于你和转介的助人者的通信，应该获得来访者明确的书面同意。理想情况下，来访者会允许你与新的助人者交流基本和必要的信息。可能讨论的信息包括最初的转介原因、来访者的具体需求以及评估的相关数据。最后，跟进以确保来访者与新的助人者建立了有益、符合伦理、专业的关系，再结束你与前来访者的关系（Meier & Davis，2011）。

总结和问题讨论

这一章讨论了我们工作中一些比较困难的问题，包括危机干预、创伤/哀伤反应、可疑的儿童虐待行为的强制报告以及转介。为了帮助你理解和应用本章中的信息，请思考以下问题。

- 什么样的危机干预情况会让你感到焦虑？你会如何发展和（或）完善你目前的技能？
- 你在致命性评估方面有什么经验？复习 SLAP-P，直到你记住它。当你意外遇到一个处于危机中的孩子时（例如，你是一名在校咨询师，一个学生在中午被送到你这里），你会庆幸你现在的付出。
- 与同学及同辈受训者一起练习角色扮演。你们可以有意识地创造一个困难的来访者形象，以便挑战你们的搭档。你们需要努力工作去发现来访者的能力和优势。你能想到一个最近遇到的具有挑战性的来访者，并找出他的一些重要的优势或能力吗？
- 你对你所在社区目前的危机干预支持情况有多熟悉？
- 查阅相关文献，阅读一些有关儿童创伤反应的资料。哪些风险因素和保护因素会影响儿童创伤的结果？
- 作为一名强制报告者，你目前接受的培训是什么？核查你所在地区的法律并思考其所使用的术语。

参考文献

American Psychiatric Association Work Group on Suicidal Behaviors. (2010). *Practice guideline for the assessment and treatment of patients with suicidal behaviors.* Washington, DC: American Psychiatric Publishing.

Bean, H., Softas-Nall, L., & Mahoney, M. (2011). Reflections on mandated reporting and challenges in the therapeutic relationship: A case study with systemic implications. *The Family Journal, 19*(3), 286–290.

Carter, T., Walker, G. M., Aubeeleck, A., & Manning, J. C. (2018). Assessment tools of immediate risk of self-harm and suicide in children and young people: A scoping review. *Journal of Child Health Care.* Epub ahead of print 29 July.

Child Welfare Information Gateway. (2012). *Mandatory reporters of child abuse and neglect.* Washington, DC: U.S. Department of Health and Human Services, Children's Bureau.

Chu, J., Floyd, R., Diep, H., Pardo, S., Goldblum, P., & Bongar, B. (2013). A tool for the culturally competent assessment of suicide: The Cultural Assessment of Risk for Suicide (CARS) measure. *Psychological Assessment, 25*(2), 424–434.

Cohen, J. A., & Mannarino, A. P. (2004). Treatment of childhood traumatic grief. *Journal of Clinical Child and Adolescent Psychology, 33*(4), 819–831.

Cohen, J. A., & Mannarino, A. P. (2008). Trauma-focused cognitive behavioural therapy for children and parents. *Child and Adolescent Mental Health, 13*(4), 158–162.

Cook, A., Spinazzola, J., Ford, J., Lanktree, C., Blaustein, M., Cloitre, M., ... van der Kolk, B. (2005). Complex trauma in children and adolescents. *Psychiatric Annals, 35*(5), 390–398.

Cook-Cottone, C. (2004). Childhood posttraumatic stress disorder: Diagnosis, treatment, and school reintegration. *School Psychology Review, 33*(1), 127–139.

Crowell, K., & Levi, B. H. (2012). Mandated reporting thresholds for community professionals. *Child Welfare, 91*(1), 35–53.

Ellis, B. H., Fogler, J., Hansen, S., Forbes, P., Navalta, C. P., & Saxe, G. (2012). Trauma systems therapy: 15-month outcomes and the importance of effecting environmental change. *Psychological Trauma: Theory, Research, Practice, and Policy, 4*(6), 624–630.

Flachier, R., & Gross, K. A. (2017). A review on psychotherapeutic interventions with children and adolescents. *Journal of Alternative Medicine Resources, 9*(1), 7–14.

Gateway, C. W. I. (2012). *Mandatory reporters of child abuse and neglect.* Washington, DC: U.S. Department of Health and Human Services, Children's Bureau.

Gentry, C. E., & U.S. Department of Health and Human Services. (1994). *Crisis intervention in child abuse and neglect. The user manual series.* Washington, DC: U.S. Department of Health and Human Services.

Gillies, D., Taylor, F., Gray, C., O'Brien, L., & D'Abrew, N. (2012).

Psychological therapies for the treatment of post-traumatic stress disorder in children and adolescents. *Cochrane Database of Systematic Reviews, 12*, CD006726.

Greene, G. J., Lee, M., Trask, R., & Rheinscheld, J. (2005). How to work with clients' strengths in crisis intervention: A solution-focused approach. In A. R. Roberts (Ed.), *Crisis intervention handbook: Assessment, treatment, and research* (3rd ed., pp. 64–89). New York, NY: Oxford University Press.

Harrison, R. (2013). Managing suicidal crises in primary care: A case illustration. *Clinical Practice in Pediatric Psychology, 1*(3), 291–294.

Jones, L. (2008). Responding to the needs of children in crisis. *International Review of Psychiatry, 20*(3), 291–303.

Kanel, K. (2003). *A guide to crisis intervention*: Pacific Grove, CA: Brooks/Cole.

Landolt, M. A., Cloitre, M., & Schnyder, U. (2017). *Evidence-based treatments for trauma related disorders in children & adolescents.* Cham, Switzerland: Springer International.

Levi, B. H., & Loeben, G. (2004). Index of suspicion: feeling not believing. *Theoretical Medicine and Bioethics, 25*(4), 277–310.

Levi, B. H., & Portwood, S. G. (2011). Reasonable suspicion of child abuse: Finding a common language. *Journal of Law, Medicine & Ethics, 39*(1), 62–69.

McTavish, J. R., Kimber, M., Devries, K., Colombini, M., MacGregor, J. C. D., Wathen, C. N., & MacMillan, H. L. (2017). Mandated reporters' experiences with reporting child maltreatment: A metasynthesis of qualitative studies. *BMJ Open, 7*, e013942.

Meier, S. T., & Davis, S. R. (2011). *The elements of counseling* (7th ed.). Belmont, CA: Cengage Learning.

Morris, C. A. W., & Minton, C. A. B. (2012). Crisis in the curriculum? New counselors' crisis preparation, experiences, and self-focused. *Counselor Education and Supervision, 51*(4), 256–269.

Schön, C. A., & Ketterer, T. (2007). Asphyxial suicide by inhalation of helium inside a plastic bag. *The American Journal of Forensic Medicine and Pathology, 28*(4), 364–367.

Steinberg, K. L., Levine, M., & Doueck, H. J. (1997). Effects of legally mandated child-abuse reports on the therapeutic relationship: A survey of psychotherapists. *American Journal of Orthopsychiatry, 67*(1), 112–122.

Strozier, M., Brown, R., Fennell, M., Hardee, J., Vogel, R., & Bizzell, E. (2005). Experiences of mandated reporting among family therapists: A qualitative analysis. *Contemporary Family Therapy: An International Journal, 27*(2), 193–212.

Sullivan, M. A., Harris, E., Collado, C., & Chen, T. (2006). Noways tired: Perspectives of clinicians of color on culturally competent crisis intervention. *Journal of Clinical Psychology, 62*(8), 987–999.

Sultan, R. S., Correll, C. U., Schoenbaum, M., King, M., Walkup, J. T., & Olfson, M. (2018). National patterns of commonly prescribed psychotropic medications to young people. *Journal of Child and Adolescent Psychopharmacology, 28*(3), 158–165.

Thompson, M., Kuruwita, C., & Foster, E. M. (2009). Transitions in suicide risk in a nationally representative sample of adolescents. *Journal of Adolescent Health, 44*(5), 458–463.

Weisz, J. R., & Kazdin, A. E. (2017). *Evidence-based psychotherapies for children & adolescents* (3rd ed.). New York, NY: Guilford Press.

Wharff, E. A., Ginnis, K. B., Ross, A. M., White, E. M., White, M. T., & Forbes, P. W. (2017). Family-based crisis intervention with suicidal adolescents: A randomized clinical trial. *Pediatric Emergency Care*. Epub ahead of print.

Yang, B. K., Burcu, M., Safer, D. J., Trinkoff, A. M., & Zito, J. M. (2018). Comparing nurse practitioner and physician prescribing of psychotropic medications for medicaid-insured youths. *Journal of Child and Adolescent Psychopharmacology, 28*(3). Epub ahead of print 1 April.

第 7 章

作为咨询师,
请了解并照顾自己

引言

著名心理咨询师欧文·亚隆（Irvin D. Yalom，2002）曾问："咨询师最有价值的工具是什么？"答案是"咨询师自己"。

作为你最有价值的资产，请务必照顾好自己，使自己保持良好的状态。对来访者来说，咨询师如何展示自己是很重要的，因为这可能会影响咨询的最终效果（Cook-Cottone，Kane，& Anderson，2015；Norcross，2000）。通过自我成长和提升幸福感，你将提高促进他人成长和幸福的能力。要做到这一点，你需要了解自身的挣扎和挑战。你无须完美，但你在生活中需要有培养幸福感的能力，并知道自己什么时候是脆弱的（Corey，Muratori，Austin，& Austin，2018；Kottler，2017）。你必须能找到支持资源，并知道自己什么时候需要休息（Corey et al.，2018；Kottler，2017）。归根结底，了解和关照自我的过程包括自我觉察、获得所需的支持和督导、对来访者/咨询师的感受和反应做好准备并持开放态度，保持良好的界限，以及持续的自我照顾（Cook-Cottone et al.，2015；Corey et al.，2018；Kottler，2017）。

要素 66 从自我觉察开始

每个人都有自己的需求与内在矛盾，这是人性的一部分。要确保你的需求和内在矛盾不会对你的儿童和青少年来访者产生负面影响，意识到这一点很关键。咨询师应先了解并承认自身的个人议题、优势和弱点，以及这些议题可能如何在作为专业咨询师的工作中呈现出来（Corey et al., 2018；MacCluskie, 2010）。在《心理治疗师之路》（On Being a Therapist；Kottler, 2017）中，有一章题为"我们对自己和对他人的谎言"。我们很容易假装，并和亲近的人一起共谋假装。在假装时，我们在内心会与他人达成共识，忽视或否认那些挣扎、缓慢的成瘾、那杯额外多喝的酒或者工作日晚上的小酌、对来访者的消极想法、不想工作，或当儿童或青少年坐在你面前需要你全神贯注时你却走神了。在这些情况下，你可能就成了否定来访者经历的成年人。然而，如果你核查自己并进行深入的自我评估，你就能承认并解决你的倦怠、压力和缺乏幸福感的真相。自我探索是一个终身的过程（Yalom, 2002）。在此，我们建议大家深入思考以下问题（Cook-Cottone et al., 2015；Corey et al., 2018；Norcross, 2000）。

A. 你为什么选择心理咨询作为职业？

咨询师的有效性取决于自我觉察。首先，当一个人进入咨询领域时，询问自己为什么选择咨询作为自己的职业是非常重要的。人们出于很多原因选择进入这个领域（Corey et al., 2018；Cummins, Massey, & Jones, 2007；Kottler, 2017；MacCluskie, 2010）。你可以检查下列清单，评估你对咨询感兴趣的原因。

- 你是否愿意为他人服务？
- 你的灵性或信仰在你的服务中是否起了作用［例如，我（凯瑟琳·库克-科顿）受到特蕾莎修女的启发而帮助他人]?
- 你是否打算帮助他人摆脱痛苦,就像帮助自己摆脱个人痛苦一样?
- 你是否希望没有人会体验到你小时候的感受?你打算拯救所有与你一起工作的孩子吗?
- 你是否喜欢工作和与人相处,并在助人时体验到巨大的满足感?
- 你是否喜欢改变的过程,并对成为他人改变过程的一部分而感到兴奋?
- 你是否将成就感建立在你能帮助他人的基础上?
- 你是否喜欢成为英雄,成为人们好转的原因?

请思考一下你会如何回答这些问题。你成为咨询师的动机不需要完全利他,事实上,如果帮助他人和与他人共事是能让你感到满足的一部分,你的倦怠感就会减少。然而,如果你的自我意识完全或主要基于成为一个拯救者或英雄(Cook-Cottone et al., 2015; Meier & Davis, 2011),你的角色(英雄或拯救者)就不可能在缺少受害者或被拯救者的时候成立。在一种赋能的支持性关系中,咨询师是改变的催化剂,而不是负责改变的实体,当来访者是英雄,是拯救自己的人时,心理咨询才能真正有效。

来访者: 我无法应付再一次焦虑发作了,我就是做不到。

咨询师: 你有我的电话号码,我会教你的。随时打电话给我,我会帮助你的,别担心。

思考一下,当咨询师为来访者赋能时可能会说些什么。

来访者：我无法应付再一次焦虑发作了，我就是做不到。
咨询师：我明白你的意思，好像你无法应对另一次焦虑发作。深呼吸，让我们来谈谈一些你已有的工具，当焦虑出现时，你可以利用这些工具控制它。

迈耶和戴维斯（Meier & Davis，2011）强调了我们作为咨询师的选择，我们可以为来访者解决问题，也可以帮助来访者学习如何自己解决问题。

B. 觉察让你感到挑战的情绪和话题

儿童和青少年可能会经历一些激烈的情绪，如愤怒、极度焦虑和绝望。新手咨询师可能没有相关生活经验或经历，无法适应特定的情绪或情绪表达的强度（Cook-Cottone et al., 2015）。迈耶和戴维斯鼓励咨询师问自己以下问题（Meier & Davis，2011）。

- 是否有一些情绪是你想要回避的？
- 如果你的来访者强烈地表达了一种不舒服的情绪，你能保持在场并参与其中吗？
- 你对某种情绪的不适会导致你引导来访者从处理这种情绪中脱离（或远离）吗？

来访者：我太想念我妈妈了，我感觉都不能呼吸了。
咨询师：你爸爸是什么反应？

这里，咨询师对青少年来访者的悲痛感到不舒服。为了避免这种情绪，他询问了来访者的父亲是如何应对母亲的死亡的，将讨论从来访者对此事的感受上引开了。其结果是，来访者没有机会去处理这些情绪。要成为一名有效的咨询师，你需要努力适应各种不同强度的情绪。你可以在督导的支持下或在咨询师支持小组内，去适应让你觉得有挑战的情绪。

和你一起工作的儿童和青少年可能会对你产生复杂的感受，你——无论你的意图是什么——也可能对他们中的一些人产生复杂的感受（Corey et al., 2018; Meier & Davis, 2011）。很多时候，学校人员或家长会关注儿童或青少年的行为问题，将他们介绍来咨询，来访者可能会因此将咨询视为惩罚或陷入困境的结果。同样，你可能需要应对和处理由来访者带来的议题（如吸引力、虐待、欺凌、反抗、反社会行为）和（或）来访者的特征（如性取向、宗教、性别、外表）引发的你的感受（Meier & Davis, 2011），重要的是要接受它们并利用工具（如支持、督导、咨询）来处理咨询过程中内在的阻抗和挑战（关于阻抗的内容见第1章）。

来访者也会带来各种各样的话题，这些困难的话题包括死亡、校园枪击案、爱情、性、性游戏和自慰、性虐待和强奸、种族和民族歧视以及与性取向有关的歧视。从事儿童和青少年工作的咨询师经常被问及性游戏的问题，以及如何区分性游戏和性虐待，他们也会被问及如何处理性和自慰等话题。你可以把这些话题告诉你的督导或支持网络，练习如何给出解释，为父母提供有实证支持的建议。你可以使用阅读疗法（即，使用书籍来教导或说明一个观点）。

来访者家长：我儿子的老师告诉我他在课堂上自慰，他被诊断患有自闭症，我如何分辨他是在自我刺激还是自慰呢?

咨询师：哦，我敢肯定他不是在自慰，我了解你儿子，他不会那样做的。

在这个案例中，咨询师并没有与家长充分探讨这个问题，以区分自我刺激和手淫。咨询师对这个话题的不适是显而易见的，这也妨碍了干预的进行。此外，咨询师把自慰说成不可接受的事情（如"他不会那样做"）。如果咨询师进行这一话题的学习，并确保自身有督导的支持，将会更好地为父母和来访者提供服务。

C. 知道自己什么时候功能受损

美国心理咨询协会（ACA，2014）、美国心理学会（APA，2016）和美国社会工作者协会（NASW，2017）的伦理守则都涉及咨询师的损伤。损伤是一种持续的无胜任力的模式，这一模式可能会影响咨询的有效性（APA，2016；NASW，2017），它可能是个人问题、心理压力、物质滥用或心理健康问题的结果（NASW，2017）。思考你是否有如下损伤的迹象（Richards，Compenni，& Muse-Burke，2010）。

- 不能按时参加咨询？
- 难以保持清醒，注意力不集中，或在会谈期间感到分心？
- 不记得来访者说了什么，或不记得在会谈期间处理了什么？
- 经常取消预约，导致对来访者的干预反复无常？
- 由于最近醉酒导致在咨询中出现了功能受损、用药或身体失调的情况？
- 对来访者的需求感到消极或反感？

总的来说，守则建议咨询师对自己的身体、精神和情绪问题造成的损害保持警惕，并在自己的受损可能会伤害来访者或他人期间，避免提供服务。此外，守则还建议咨询师根据自身能力的受损程度，寻求支持和帮助，或者限制、暂停或终止专业服务。

D. 了解倦怠和共情疲劳的信号

职业倦怠和共情疲劳是咨询师面临的独特体验。虽然可能有许多原因，但倦怠往往与咨询师的工作条件有关（Corey et al., 2018）。对于那些常与危机中的人打交道的人来说，共情疲劳是一种风险（Figley, 2002; MacCluskie, 2010）。

通常有两个因素会导致咨询师出现职业倦怠：（1）长期的工作压力，（2）没有改善的希望（MacCluskie, 2010）。咨询师可能会经历与外部工作场所的要求以及自己的个人期望和要求有关的倦怠。职业倦怠可能表现为情绪衰竭、人格解体、缺乏个人成就感、愤世嫉俗，以及感觉自己的职业生活没有成效（Leiter, Bakker, & Maslach, 2014）。如果你出现了职业倦怠的迹象，请评估其来源（外部或内部需求），解决来源问题，并进行自我照顾和（或）休养。你可以通过下列问题评估自己是否有倦怠的迹象（Cook-Cottoneet al., 2015; MacCluskie, 2010）。

- 你是否一直感觉无力、沮丧和绝望？
- 你是否觉得自己对情绪的感受有困难？

- 你是否感到身心俱疲？
- 你是否有一种疏离、孤立和不愿意社交的感觉？
- 你是否在工作中经历过"困顿感"？
- 你是否认为你的工作是个人的失败？
- 你是否对同事和来访者表现得很暴躁？
- 你是否对自己的工作感到持续的悲伤和愤世嫉俗？

共情疲劳的产生会经历一系列阶段（Figley，2002；Thompson，Amatea，& Thompson，2014）。最初的风险来自与来访者的共情投入，在此期间，咨询师会直接体验到来访者的痛苦和折磨（Figley，2002；Thompsonet al.，2014；MacCluskie，2010）。接下来，在来访者投入后，咨询师会体验到共情的压力或剩余的情绪能量。最后，共情疲劳是由共情压力和咨询师对自身减轻来访者痛苦或解决来访者问题的能力的自我评价的相互作用导致的（MacCluskie，2010；Thompson et al.，2014）。对咨询进展的合理期望应该考虑到来访者疗愈的速度和大环境。（例如，处在持续的战争环境中或频繁辗转于寄养系统，来访者疗愈和成长的程度可能会受到限制）。当咨询师对自己帮助来访者的努力感到满意时，共情疲劳就会减少，当自己不满意时，共情疲劳就会增加（Figley，2002；Thompsonet al.，2014）。在帮助他人处理有时看起来难以处理的事情时，承认自己扮演的角色是很重要的，作为咨询师，你所听到的创伤经历、虐待、暴力行为和背叛都会影响你（即替代性创伤；Finklestein, Stein, Greene, Bronstein, & Solomon, 2015）。不卷入的能力、暴露的时间、创伤回忆的数量（即咨询师的回忆）以及其他生活干扰也在共情疲劳的发生中起作用（Figley，

2002；Finklestein et al., 2015；Thompson et al., 2014）。研究者建议咨询师进行有关共情疲劳的心理教育、个人体验（如对创伤性压力源的脱敏、处理和情感支持），以及加强社会支持（Figley，2002）。

- 你是否在重温咨询中被告知的故事？
- 你是否做过与来访者的会谈内容有关的令人不安的梦？
- 会谈的内容是否以一种限制或退缩的方式改变了你的行为？
- 你是否觉得自己有一种回避某些可能包含创伤性内容的会谈的感觉？
- 在治疗过程中，你是否出现心率加快、呼吸急促和其他应激反应症状？
- 在治疗过程中，你是否感觉离场、无法感受或游离？
- 你是否挣扎于感受和投入？

要素 67　获得你需要的支持和督导

你是需要支持的，这是一个既定事实。为他人提供咨询服务可能会让人感到孤独、疲劳和困难（Corey et al., 2018；Kottler, 2017；Merriman, 2015）。咨询师应该获得持续的支持（Merriman, 2015），不应该等到感到需要支持时才去寻求帮助，而应该作为专业实践的一部分，纳入每周或每月的时间安排。督导则应该是一种主动、有计划、有目的、以目标为导向、有意识的活动，允许支持和反馈，并促进个人成长及作为咨询师的成长（Borders，2014）。关于督导的最佳实践相关内容可参考博德斯（Borders，2014）的文章。

A. 成立支持小组

亚隆建议成立一个咨询师支持小组，这是一个由同辈组成的小组，定期聚会，处理为他人提供咨询服务的经验和压力（Yalom，2002）。同辈支持在个人、临床/学术和社会领域发挥着作用（Gilroy，Carroll，& Murra，2002；Norcross，2000），作为同行，你可以帮助其他人评估和应对咨询中的风险和挑战。当每个同辈支持小组成员都致力于支持其他成员的幸福感和专业表现时，每个人的自我觉察也能够有所提高。

B. 督导造就胜任力

接受个体督导是新手和受到挑战的咨询师评估和提高咨询工作的有效性的绝佳方式（Corey et al.，2018；Borders，2014）。对于挑战你的专业知识以及存在伦理困境的来访者问题，个体督导尤其重要（Borders，2014；Meier & Davis，2011）。另外，督导者和被督导者之间的会谈可以成为有效的咨询师自我照顾计划的一部分（Cummins et al.，2007）。

咨询师：我正在为一个有行为问题的小男孩提供咨询，他被寄养了。当他问我是否可以永远做他的咨询师时，我愣住了，我不知道该说什么。

督导师：当你回忆起这件事时，你想到了什么？当你告诉我这件事时，你有什么感受？

咨询师：我想到了我父亲在我 7 岁时离开了我母亲，当时我感觉自己被拒绝、被抛弃了。我无法想象自己让这个小男孩失望，就像我爸爸让我们失望一样。

督导师：让我们一起探索，是否有可能让你在处理这些问题的时候不那么容易被触发负面情绪。

督导是一个合适的环境，可以让你探索对来访者的感受以及在工作中出现的相关感受和反应（Borders，2014；Kottler，2017；Meier & Davis，2011），这个过程会让你与来访者之间的在场和互动更有效。

C. 进行个人体验

所有人在生活中都会面临挑战和问题，包括咨询师（Corey et al.，2018；Kottler，2017；Norcross，2000）。你需要承认自己会遇到问题和挑战，不断评估自己需要帮助的程度，然后进行个人体验（Richards et al.，2010；Yalom，2002）。这会有许多好处。第一，你将提高你的个人洞察力（这里说的好处前文已经列出来了）。第二，你将对来访者产生共情：你会了解被人帮助和支持是什么感觉，当你体验到自己的脆弱时，你就会理解来访者的脆弱。第三，你将亲身学习什么是有效和无效的咨询技巧，获得第一手资料，了解什么赋予了你力量，激励了你，什么阻碍了你的成长。第四，寻求和参与自己的个人心理治疗也被学者认为是建设性的自我照顾（Corey et al., 2018；Gilroy et al., 2002；Norcross, 2000；Richards et al., 2010）。

要素 68 展示适当的界限

在你和与你一起工作的儿童、青少年以及家庭之间建立并保持清晰、可识别的界限，是自我觉察和自我照顾的一个重要方面（Corey et al., 2018；Kottler, 2017）。界限是指个体之间分化的程度和质量（Corey et al., 2018；MacCluskie, 2010）。咨询是一个要求很高的过程，需要你对一起工作的儿童和青少年的挑战、压力，甚至创伤，保持在场、开放和接纳（MacCluskie, 2010）。有以下几种方法可以做到这一点。

A. 践行不卷入

咨询师可以通过练习从会话中的共情和联结转移到会话间的脱离来保护自己免受耗竭（Cummins et al., 2007；MacCluskie, 2010）。这种不卷入可能是咨询长期有效的必要条件。实际上，做不到不卷入会导致治疗过程中共情的减少（Cummins et al., 2007），为了有效地做到不卷入，你可以用一套支撑界限的肯定语来进行思维阻断技术。当对会谈的思考出现时，咨询师可以进行自我对话，指示自己"停止"，然后通过陈述一个设定界限的肯定句来重新集中注意力，例如：

- "我与来访者的工作都在我的办公室里，记载在他们的档案里。"
- "治疗工作是在当下和当面完成的。"
- "我们已经制订了一个良好的行动计划来实现目标,完成这些计划是来访者的责任。"
- "我可以在下一次会谈中解决这个问题。"
- "反复思考他们的治疗过程对我或与我一起工作的儿童或青少年都没有好处。"

B. 建立并保持物理界限

界限也应在有形的层面上保持（Corey et al., 2018; MacCluskie, 2010）。第一，对你的家庭地址和电话号码保密。一些咨询师要求不在电话簿和电子资料上公布他们的电话号码，等候室里使用的杂志也不显示他们详细的家庭地址。第二，在你的办公室政策文件中写明 24 小时危机电话政策，详细说明儿童、青少年以及家庭何时适合与你联系以及如何联系。许多咨询师喜欢利用电话应答服务或雇用办公室经理来接听和管理电话并安排日程。第三，考虑你的网络使用足迹及其界限。如果你有类似脸书（Facebook）、推特（Twitter）或照片墙（Instagram）等的社交媒体账户，需设定一个如何与来访者互动的策略。如果你与他们互动（例如，接受好友请求或被关注），要注意你在发帖子和发起网络行为中的披露程度，在你的咨询规定文件中详细说明这一点。将你的社交媒体与你的咨询实践区分开，尤其是永远不要发布关于你的来访者或工作日的信息。你应该在督导和同辈督导小组中获得社会支持，而不是从社交媒体上，这一点对你和你的来访者都很重要。想象一下，一个来访者与你进行了一次非常困难的谈话，她在谈话中透露了童年时遭受的性虐待，她感到很脆弱，在脸书上找到了你的账号，结果发现你发的帖子是："可怕的一天。我再也受不了虐待故事了！"

- 为你和你的来访者建立界限，你是否有关于打电话和发短信的规定？
- 你能否把来访者的压力留在办公室？
- 你寻求支持的努力是否被转移了？你是否会在社交媒体上发布一些有关工作的东西，而不考虑它们可能会影响你的来访者或反映出你的倦怠或共情疲劳的程度？

C. 创建并维护可管理的时间表

无论你是个人执业，还是在私人诊所、机构或学校工作，都要建立每日时间表，来平衡工作与生活，并在各次会谈之间进行休息。机构和学校财务方面的现实状况及有限的资金往往会给咨询师带来压力，使他们不得不连续安排许多来访者，并在家或在深夜完成咨询记录，这是导致职业倦怠和咨询师受损的原因（Cummins et al., 2007）。当你在私人诊所商讨你的工作量或计划时，要为会谈准备、写记录、与其他服务提供者沟通、咨询、督导、会议和同辈支持留出时间。

D. 在胜任力范围内开展工作

伦理守则（见 ACA, 2014；APA, 2016；NASW, 2017）也

涉及胜任力界限的内容。首先，咨询师应承认并在自己的培训和胜任力范围内开展工作，这应该基于教育、培训、督导经验和你所获得的证书（ACA，2014）。如果你有兴趣涉足新的领域，请确保有适当的教育、培训和督导（ACA，2014；NASW，2017）。其次，继续教育是一个保持专业胜任力的关键因素。与你一起工作的儿童和青少年将受益于你在最新的科学文献和专业实践技能中的投入。

最后，在自己的胜任力范围之外工作不仅不符合伦理，而且让人压力很大。将你的工作保持在胜任力范围内是一种自我照顾。当你在专业知识和胜任力范围内约见来访者，同时发挥你的优势为那些在你接受的培训范围内的人提供安全的督导，并转介那些在你胜任力范围外的人，你一天的工作就会更容易管理、错误更少，你也更可能成功地促进来访者的成长，提高来访者的幸福感。在胜任力范围内工作不止会让你感觉到咨询更有效，也会让你更有效地工作并感受到更少的压力。

E. 接受来访者以对其心理健康有意义的速度成长

心理治疗的目标是积极的成长（Cook-Cottone et al.，2015）。然而，这种成长的速度应该基于你与之工作的儿童或青少年的需求和挑战。治疗中的成长速度受多方面的影响，包括来访者对改变的准备，你创造的治疗环境，以及他们学习和练习的技能。特别是在与儿童和青少年的工作中，家庭成员可能会非常急于看到来访者发生变化。心理咨询师经常会感到压力，想要显示积极的效果和改变的证据，以证明他们的干预措施是有效的，让人觉得他们做得很好（Cook-Cottone et al., 2015）。这样做没有什么问题，但请一定要设定目标，在技能上下功夫，提供适合你的咨询风格与来访者需求的最佳干预措施。你可以报告进展，描述干预措施，及时跟进研究并就改变的过程对家庭进行教育。你要接受渐进式的进展。如果持续出现没有进展的情况，要知道何时转介或接受督导。咨询不是一个建立你的自我或地位的过程，它是一个建立治疗关系和支持来访者积极变化的环境的过程（Meier & Davis, 2011）。当你感觉你把来访者逼得太紧或对他们的进展感到沮丧时，问问自己：

- 我是否对家庭进行了关于变化阶段和成长速度的教育？
- 我是否使用了经实证支持的方法来解决来访者的困难？
- 我是否需要督导？
- 我是否应该把我的来访者转介给专家，或向专家咨询？
- 我是否需要提醒自己，改变是需要时间的，并且努力参与咨询过程的来访者实际上也在不断进步？

要素 69　坚持自我照顾

个人的应对能力和能量在任何时候都是有限的，而且必须得到补充（Cook-Cottone & Guyker, 2018; Corey et al., 2018; MacCluskie, 2010; Norcross, 2000; Richards et al., 2010）。对于咨询师来说，承认心理实践的危险性至关重要（Kottler, 2017; Norcross, 2000）。正如弗洛伊德所说，没有人能指望在这个过程中毫发无伤（Freud, 1933; Norcross, 2000）。进行自我照顾，可

以使咨询师恢复和再生能量，并为自己服务的儿童和青少年提供心理健康方面的榜样。

每个希望将帮助他人作为可持续职业的咨询师都必须有一个自我照顾计划，其中包括一系列健康活动（Cook-Cottone & Guyker，2018；Cummins et al.，2007；Gilroy et al.，2002；MacCluskie，2010）。库克－科顿等人（Cook-Cottone，Tribole & Tylka，2013）认为自我照顾是情绪调节的基础。自我照顾包括摄入营养、补水、运动、自我安抚/放松、正念练习、休息和社会支持（Cook-Cottone et al.，2013；MacCluskie，2010；Norcross，2000；Richards et al.，2010）。

要素70 定期进行自我照顾评估

怎么知道你的自我照顾是否在正轨上呢？正如我们探讨过的，你可以观察倦怠、替代性创伤和共情疲劳的信号。一旦风险出现，这会是一种很好的管理方法。一个更积极主动的策略是参与持续的评估自我照顾和设定自我照顾目标的过程。下面展示了一个非正式的探查过程，请在以下每个问题上给自己打分，从1（不足）到10（正是我需要的）。

- 我的营养是否达到了应有的水平？
- 我每天喝足够的水吗？
- 我是否每天运动（超过30分钟）？
- 当我心烦意乱或需要被滋养时，我是否有几种方法来安抚/放松自己（如按摩、瑜伽、冥想）？

- 我是否安排了愉快的活动？
- 我是否有足够的休息（例如，晚上睡够了，白天休息了）？
- 我的人际关系是否互惠、相互支持和滋养？
- 我是否有信仰体系，为生活提供目标感和意义？

如果你在寻找一个更正式的、基于研究的评估，库克－科顿和盖伊（Cook-Cottone & Guyker，2018）开发了正念自我关怀量表（Mindful Self-Care Scale，MSCS），可用于帮助专业人士评估和计划自我照顾。为了积极地练习自我照顾，可以使用正念自我关怀量表评估需要成长的领域，设定目标，采取行动以实现目标，并重新评估。迄今为止的研究表明，使用正念自我关怀量表评估自我照顾领域可以减少倦怠、物质滥用和其他失调行为（见 Cook-Cottone & Guyker，2018）。

正念自我关怀量表由 6 个子量表组成，每个子量表都由可操作的项目组成，例如，"我每天至少喝 6~8 杯水"和"我仔细选择了用来指导我的行为的想法和感受"（Cook-Cottone & Guyker，2018，p.168）。这 6 个子量表分别是身体护理（即涉及促进健康的具体身体练习的项目，包括补水、锻炼和休息）、自我同情和目标（即与欣赏努力、接受失败，以及在工作和个人生活中找到意义感有关的项目）、正念觉知（即表明思想和感觉的正念方法的项目）、正念放松（即表明各种放松方式的项目）、支持性关系（即详细说明参与支持性关系的项目），以及支持性结构（即描述如何安排你的日常生活、个人空间和办公室以促进幸福感的项目）（Cook-Cottone & Guyker，2018）。

总结和问题讨论

　　自我觉察、支持、督导、界限和自我照顾是咨询师可持续咨询实践的基础。能单独承受或处理咨询工作中固有的压力，并不是实力或品格的标志。实际上，独立地管理压力是一种责任。那些在工作中体验到效能感和幸福感的咨询师，也承认共情压力和疲劳是这项工作固有的，他们愿意审视自己，并获得所需要的帮助。

　　你可以问自己以下问题，回顾你的答案并重读本章中的相关部分，思考如何增加你的支持或改变你自我照顾的习惯。

- 你对自身的挑战有觉察吗？你知道什么情绪、情境、来访者特征或咨询情况可能给你带来压力或挑战吗？
- 你的生活中是否有足够的支持？你是否有同辈支持小组或督导，或者你参加过个人体验吗？
- 你有良好的界限吗？这是否包括使工作与生活平衡、可管理的时间安排、有效和明确的与来访者沟通的界限，以及对如何衡量咨询实践成功的坚定认识？
- 你有自我照顾的计划吗？

参考文献

American Counseling Association (ACA). (2014). *ACA code of ethics*. Alexandria, VA: Author.

American Psychological Association (APA). (2016). *American*

Psychological Association ethical principles of psychologists and code of conduct. Washington, DC: APA.

Borders, L. D. (2014). Best practices in clinical supervision: Another step in delineating effective supervision practice. *American Journal of Psychotherapy, 68*, 151–162.

Cook-Cottone, C. P., Tribole, E., & Tylka, T. (2013). *Healthy eating in schools: Evidenced-based interventions to help kids thrive.* Washington, DC: American Psychological Association.

Cook-Cottone, C. P., & Guyker, W. M. (2018). The development and validation of the Mindful Self-Care Scale (MSCS): An assessment of practices that support positive embodiment. *Mindfulness, 9,* 161–175.

Cook-Cottone, C. P., Kane, L. S., & Anderson, L. (2015). *Elements of counseling children and adolescents.* New York, NY: Springer.

Corey, G., Muratori, M., Austin, J. T., & Austin, J. A. (2018). *Counselor self-care.* Alexandria, VA: American Counseling Association.

Cummins, P. N., Massey, L., & Jones, A. (2007). Keeping ourselves well: Strategies for promoting and maintain counselor wellness. *Journal of Humanistic Counseling, 46,* 35–49.

Figley, C. R. (2002). Compassion fatigue: Psychotherapists' chronic lack of self-care. *Journal of Clinical Psychology, 58,* 1433–1441.

Finklestein, M., Stein, E., Greene, T., Bronstein, I., & Solomon, Z. (2015).

Posttraumatic stress disorder and vicarious trauma in mental health professionals. *Health & Social Work, 40*, e25–e31.

Freud, S. (1933). Fragment of an analysis of a case of hysteria. In *Collected papers of Sigmund Freud* (Vol. 3). London: Hogarth (Original work published 1905).

Gilroy, P. J., Carroll, L., & Murra, J. (2002). A preliminary survey of counseling psychologists' personal experiences with depression and treatment. *Professional Psychology: Research and Practice, 33*, 402–407.

Kottler, J. A. (2017). *On being a therapist* (5th ed.). New York, NY: Oxford University Press.

Leiter, M. P., Bakker, A. B., & Maslach, C. (2014). *Burnout at work: A psychological perspective*. New York, NY: Psychology Press.

MacCluskie, K. (2010). *Acquiring counseling skills: Integrating theory, multiculturalism, and self-awareness*. Upper Saddle River, NJ: Pearson.

Meier, S. T., & Davis, S. R. (2011). *Elements of counseling* (7th ed.). Belmont, CA: Brookes/Cole.

Merriman, J. (2015). Enhancing counselor supervision through compassion fatigue education. *Journal of Counseling & Development, 93*, 370–378.

National Association of Social Workers. (2017). *Code of ethics of the National Association of Social Workers*. Washington, DC. NASW.

Norcross, J. C. (2000). Psychotherapist self-care: Practitioner-tested, research- informed strategies. *Professional Psychology: Research and Practice, 31*, 710–713.

Richards, K. C., Campenni, C. E., & Muse-Burke, J. L. (2010). Self-care and well-being in mental health professionals: The mediating effects of self-awareness and mindfulness. *Journal of Mental Health Counseling, 3*, 247–264.

Thompson, I., Amatea, E., & Thompson, E. (2014). Personal and contextual predictors of mental health counselors' compassion fatigue and burnout. *Journal of Mental Health Counseling, 36*, 58–77.

Yalom, I. D. (2002). *The gift of therapy: An open letter to a new generation of therapists and their patients.* New York, NY: HarperCollins.

附录　如何在培训中使用本书

本书的每一位作者都有向正在接受培训的专业人员教授咨询技能的丰富经验。出版这本书的目的是通过对儿童和青少年心理咨询过程的基本要素的解释，促进儿童和青少年咨询的培训。在心理咨询课程中，对咨询过程进行录像并分析咨询记录是很重要的。记录分析对于提高咨询师对细微差别、错过的工作机会和需要成长的领域的认识都非常有帮助。本附录简单地介绍了如何在记录分析中使用本书及其中的要素。

这些记录可用于自我分析，也可用于同行分析。要求接受培训的咨询师在表 1 中填写来访者和咨询师在一次会谈中的陈述。将分析单元格（即自我分析和替代性陈述）留空。这就是预分析副本。接受培训的咨询师保留一份预分析副本供自己审阅，并将一份分析前的副本通过电子邮件发送给同辈供审阅。在我们学校，我们将会谈的视频发布在一个有密码保护的安全服务器上。请注意，录像、储存和观看视频必须获得适当的许可。培训中的咨询师在观看同学和自己的咨询视频时，根据预分析副本进行工作。下一节提供了分析的说明。

一旦完成了同辈和自我分析，就提交给导师进行审查。对于初学的学生而言，课程成绩不是基于咨询技能的完美程度，而是基于对自我和同辈的分析质量。此外，一旦导师对分析进行了审查和评分，接受培训的咨询师就可以将他们的自我分析与同辈分析进行比较。这种类型的反思对培养洞察力和指出受训咨询师的盲点非常有帮助。

受训咨询师须知

准备一份你与一名儿童或青少年咨询的记录。你将打出你（即咨询师）和你的来访者所说的每一个字。当出现明显的非语言行为（例如：哭泣、皱眉、眼睛向下看、双手合十）或言语表达的改变［例如，大声喊叫、小声说话、质疑（例如，在语句末尾语调上升）］的时候，在语句后面的括号里写一个简短的描述。

你将在表格中填写每个来访者与咨询师的互动。你将记下儿童或青少年的口述（来访者）和你作为咨询师的反应（咨询师）。标明你所分析的互动的编号。简单地按照整份记录的顺序（即1、2、3、4、5……）进行即可。表1是一份预分析副本的样例。对整个会谈期间的每一个陈述和回应都执行这样的操作。记得保留一份预分析副本，如果导师要求，可将一份副本通过电子邮件发送给同辈进行同辈分析。

你将使用书中列出的要素来评估咨询师的反应，并为咨询师的替代性陈述提出建议（见表2）。本书中咨询过程的每个"要素"都有编号（即1—70）。为了做到引用简洁，你只需在括号中列出你所参考的要素编号。请注意，你必须对你的答案或分析做出解释。列举要素编号并不能代替详细的解释。过程说明见表3。

表 1　预分析副本

来访者 1	在此写下儿童或青少年所说的内容（加粗）。
咨询师 1	在此写下你对儿童或青少年的言语表达所做的回应（加粗）。
自我或同辈分析	留空。
替代性陈述	留空。

表 2　分析概要

来访者 1	在此写下儿童或青少年所说的内容（加粗）。
咨询师 1	在此写下你对儿童或青少年的言语表达所做的回应（加粗）。
自我或同辈分析	在此写下你或你的同学所做的说明的类型以及原因。使用非粗体的普通字体。引用要素编号。
替代性陈述	请在此写下你认为更好的说法以及原因。将回答加粗。将所有其他文字、你的解释和理由用不加粗的普通字体的方式来呈现。引用要素编号。

表 3　分析示例

来访者 2	她发现我在呕吐。我妈妈昨晚对我大喊大叫。我想逃跑。我恨我的家人，我恨他们。
咨询师 2	你非常恨你的父母。你想离开。
自我或同辈分析（这个例子是自我批评）	我想让她知道我在听，所以我先做了反映（21）。我想说得简短一点（25）。我想我也在努力总结和反映她所说的主题（23和42），但是我认为我没有有效地做到这一点。我也很矛盾，到底该面质还是支持（28）。我知道另一种选择是什么都不说（26）。我想我也能处理好所发生的事情（24）。也就是说，我可以处理我对她所说的各种内容的理解（进食障碍的症状，她对母亲的愤怒，以及想要逃跑）。我认为专注于感受可能也是一个不错的选择。我本可以帮助她在身体中定位感受（40）。

续表

替代性陈述	你出现了症状，你妈妈看到了你，并大喊大叫。你很生气，想摆脱这一切。告诉我，你现在是如何体验到愤怒的感觉的？你在身体的什么地方感觉到它？在这里，我不做评价（51），承认症状，同时仍然相对支持（带着关切的面质；28）。我还想总结（23）和反映内容（21），并专注于感受（22）。我帮助她在身体中定位了感受（40）。这里说了很多，我想捕捉这一切是如何运作的，以便她能处理这些（42）。